프랑스 엄마가 알려주는
건강하고 행복한

아이주도
이유식

crédits

Photos p. 36, 37, 45, 62, 65, 75, 77, 78, 86 ©My little bird
www.mylittleoiseau.com

Photo of the cover and photos p. 92, 93, 96, 97, 100, 101, 104, 105 ©Frédéric Baron-Morin, Stylism: Valérie Jelger

Photos p. 11, 14, 16, 17, 19, 23, 24, 27, 29, 32, 54, 65, 72, 73, 74, 83, 86, 87, 107, 109 ©iStock

Photos p. 9, 14, 15, 24, 25, 26, 43, 50, 52, 58, 59, 70, 79, 89 ©Shutterstock

Photos p. 22 ©World Health Organization

Illustrations p. 38, 39, 42, 47, 51, 56, 57, 69, 82, 83, 85 ©Caroline Modeste

La Diversification menée par l'enfant en pratique by Evelyne Evin, illustrated by Caroline Modeste,
photography by Valérie Jelger and Frédéric Baron-Morin
Copyright ©First published in French by Mango, Paris, France – 2019
Korean translation rights arranged through Greenbook Literary Agency

Korean translation copyright ⓒ 2019 Kukmin Publishing

스스로 먹으면서 키우는 아이의 평생 자존감!

프랑스 엄마가 알려주는
건강하고 행복한

아이주도
이유식

에블린 에뱅 지음 **양진성** 옮김

차례

들어가며

저는 1980년대에 처음 이유식이라는 개념에 대해 알게 되었습니다. 그것은 모유나 분유 이외의 음식을 먹을 시기가 된 아이들에게 어떤 방식으로 음식을 줄 것인가에 대한 이야기였죠.

제 주변에는 이미 아이를 키우는 사람이 있어서 아이와 어른이 함께 식사하는 모습을 미리 지켜볼 수 있었습니다. 그 덕분에 첫 딸이 생후 6개월 되었을 무렵, 개월 수에 따라 아이들이 얼마나 능숙하게 음식을 자르고 씹어서 삼키는지 그리고 그 모습을 사람들에게 보여주는 것을 얼마나 좋아하는지 잘 알고 있었습니다. 이런 경험을 바탕으로 아이의 이유식에 접근해 보니 우리 가족이 먹는 음식과 아이에게 줄 수 있는 음식이 어떻게 다른지에 대해 다시 생각하게 되었습니다.

그 후로 저는 보육교사, 어린이집 원장, 아동복지시설 원장 등 여러 직업을 거쳤습니다. 일을 하면서 이유식 관련으로 육아전문가 팀이나 부모들과 만날 기회가 많았고, 덕분에 이유식에 대해 생각을 정리할 수 있었습니다.

저는 이 책에서 육아전문가로서의 경험뿐만 아니라 엄마로서, 할머니로서의 경험도 살려 아이 이유식에 관해 이야기하려 합니다. 또한 이유식과 관련된 여러 과학 연구 자료나 흥미로운 서적도 알려드릴 생각입니다.

제가 오랜 시간 아이들을 관찰해온 결과, 많은 아이들이 매우 이른 시기부터 자신의 감각과 운동능력을 이용해 스스로 음식을 섭취할 수 있다는 사실을 알게 되었죠. 그리고 어른들의 따뜻한 시선 속에서 그런 경험을 한 아이들은 '먹는 행위의 주체'가 되어 더 빠르게 자립심을 가질 수 있습니다.

우리는 앞으로 아이주도이유식의 측면에서 아이의 식사를 살펴볼 거예요. 그 관점에서 보면 아이와 함께 하는 식사는 모두에게 즐겁고 경이로운 순간입니다. 아이에게 음식의 다양한 식감과 냄새, 색깔을 알려주면 커서 음식을 골고루 먹는 아이가 될 수 있어요.

'이유식'의 정의를 문장 그대로 해석하면 '아이가 젖을 떼게 한다'입니다. 아이주도이유식의 흥미로운 점은 자신이 무엇을 먹을지 결정하는 주체가 바로 아이라는 점입니다. 하지만 저는 이 과정에서 보호자의 역할도 강조하고 싶습니다. 그래서 저는 아이주도이유식을 '아이와 어른이 함께 하는 이유식'이라는 차원에서 접근하는 것을 더 선호합니다. 앞으로 이 책에서 이야기할 부분도 그런 접근방식을 따르고 있어요.

물론 아이는 금세 혼자 먹는 법을 터득합니다. 하지만 아이에게 먹일 음식을 선택하고 준비하며 식사 시간을 정하는 것은 어른입니다. 보호자는 아이의 식사를 유심히 지켜보며, 아이의 소화능력에 맞게 식사량이나 음식을 조정할 수도 있지요. 그러니 '아이주도' 이유식이라고 해서 아이 혼자 모든 것을 결정하는 것은 아닙니다.

음식을 새로운 방식으로 접하는 그 놀라운 발견의 순간, 행동이 서툰 아이들에게는 보호자의 손길이 필요하고 아이들도 그것을 원한다는 사실을 잊지 말아야 해요. 어디까지나 보호자의 도움 아래 아이는 편안하게 안정감을 느끼며 식사를 할 수 있습니다.

피클러-로치 협회 연설문 중에서 – 미리암 데이비드, 2003년

다음은 정신분석가 겸 아동정신의학자인 미리암 데이비드의 피클러-로치(Pikler-Lóczy) 협회 연설에서 발췌한 내용입니다.

피클러-로치 협회는 헝가리의 소아청소년과 의사였던 에미 피클러(Emmi Pikler)의 영아보육학을 토대로 설립된 연구기관입니다. 피클러는 영유아기에 자유롭고 독립적인 놀이를 하는 것이 아이의 자율성을 지켜준다고 강조했습니다.

"에미 피클러는 연구를 통해 아이의 자유로운 놀이가 신체발달에 지대한 영향을 미친다는 것을 밝혀냈습니다. 이 연구로 인해 많은 아이들이 스스로 움직이며 활동하는 것에 즐거움을 느낀다는 사실과 이것이 다양한 감각발달로 이어져 신체능력을 개발하는 데 도움이 된다는 것이 알려졌죠. 아이들은 자유롭게 여러 행위를 시도하며 매일 한 발 한 발 성장합니다. 이전에 내디딘 한 걸음이 발판이 되어 다음 단계로 넘어갈 수 있게 되는 거죠.

그렇게 아이들은 단계적으로 놀이를 통한 발달과정을 거치게 됩니다.

하지만 아이들은 어떤 목표를 달성하기 위해 움직이는 것이 아닙니다. 그저 모험을 하듯 직접 자신의 손으로 주변을 더듬어 새로운 것을 발견하고 배우고, 그것에 익숙해지는 과정을 거칠 뿐입니다. 그러다 보니 아이는 이 탐색놀이에 엄청나게 집중했다가도 벌러덩 드러누워 버리거나, 아예 관심을 끈 것처럼 보였다가 어느새 다시 그 놀이를 시작하기도 하죠. 그저 자유의지에 따라 움직이는 거예요. 이런 자발적인 활동을 통해 아이는 대뇌발달, 인지발달, 심리발달 등 전반적인 발달 과정의 원동력이자 주체가 될 수 있습니다.

[…] 그러므로 아이가 아직 스스로 발견하지 못한 자세를 취하게 한다든가, 준비가 되지 않은 것을 억지로 시키며 아이의 탐색행위에 부모가 개입하는 것은 좋지 않습니다. 부모가 주도하는 행위로 아이는 스스로 발견하는 기쁨을 빼앗기고 자신의 능력에 대한 자신감도 잃게 되니까요."

10

아이주도이유식을 할 때 부모나 아동연구가와 보육교사를 비롯한 육아전문가들이 가장 걱정하는 것은 아이가 질식할 위험이 있지는 않을까, 식사하는 동안 주위를 너무 더럽히지 않을까, 충분한 양을 먹지 못하는 것은 아닐까 하는 것입니다. 하지만 아이의 습득능력은 정말 놀라울 만큼 빨라요. 몇 번만 해보면, 또 여유를 갖고 시간을 주면 아이는 점점 더 정확한 동작을 할 수 있게 됩니다. 곧 식사 후 주변 청소도 훨씬 쉬워질 것이며 질식할지 모른다는 걱정은 내려놓게 되겠죠.

이제 모험을 해볼 마음이 들었다면 이 책이 여러분에게 분명 도움이 될 거예요!

아이주도이유식을 하게 되면, 아이에게 식사 시간은 자신의 신체 움직임을 익히는 특별한 시간이 되지만 저는 아이뿐만 아니라 보호자의 입장에서도 다양하게 생각해

보기를 제안합니다. 아이주도이유식을 한다는 건 보호자에게 어떤 의미가 될까요?

이유식의 방법, 다시 말해 육아법을 선택하는 건 가족 또는 모든 보호자들이 함께 결정해야 하는 문제입니다. 아이를 대하는 방식에 있어서 모두가 일관적인 태도를 취해야 되기 때문이에요. 앞으로 보호자는 아이에게 해주고 싶은 것을 하려고 할 때마다 계속해서 자료를 찾아보고 좀 더 나은 방법을 모색해야 합니다. 그러기 위해서는 아이주도이유식이 가지고 있는 다양한 측면에 대해 배워야 하죠. 육아전문가라면 항상 체계적인 육아이론에 근거한 행동을 해야 하고 부모와 의견을 교환해 합의되지 않은 사항은 실행하지 말아야 합니다.

이 책은 아이주도이유식에 대한 이론과 그 실천법이 적절히 배치되어 있습니다. 하지만 시작할지 말지 결정을 내리기 전에 아이의 건강 상태를 잘 아는 의사와 의견을 나누는 것이 안전합니다. 아이마다 아이주도이유식을 시작할 수 있는 개월 수도 천차만별이기 때문이에요. 이 책의 내용은 모든 경우에 적용할 수 있는 완벽한 규칙도 아닙니다. 하지만 이 책이 앞으로 여러분의 아이를 위한 선택에 도움이 되기를 바랍니다.

에블린 에뱅
Evelyne Evin

1 아이주도이유식이란 무엇일까?

아이주도이유식(Baby-Led-Weaning)

'아이주도이유식'이란 보호자가 옆에서 지켜보는 가운데, 영양가 높고 신선한 음식을 아이 자신의 힘을 이용해 스스로 집어먹는 방식을 말합니다.

아이주도이유식의 원칙과 방법은 다니엘[1]과 모리슨[2]이 쓴 각자의 저서 등 여러 과학적 연구를 거친 국제적 기준을 따르고 있습니다.

최근 세계보건기구(WHO)와 프랑스영양건강계획(PPNS)에서 발표한 권고사항에 따르면 생후 첫 6개월 동안 아이는 기본적으로 모유나 분유를 먹는 것이 바람직하며, 생후 12개월까지는 그것을 주된 식단으로 삼기를 권장합니다. 하지만 대체로 생후 6개월 무렵부터 아이는 고형식을 섭취할 준비가 되어있습니다. 예를 들어, 이 시기의 아이는 음식을 손으로 집어 입으로 가져갈 수 있어요. 아이는 식사할 때 손을 사용하는 경험을 여러 번 반복하며 점점 더 능숙하게 자신의 몸을 움직일 수 있게 됩니다.

아이주도이유식의 장점

- 아이주도이유식을 통해 아이는 새로운 맛과 색깔, 식감, 냄새를 탐험할 수 있습니다. 매일 식사를 통해 다양한 발견을 하게 되는 거죠. 보호자는 아이의 소화능력과 욕구에 맞게끔 식사를 준비할 수 있습니다.

- 혼자서 식사를 해내며 아이는 자립심과 성취감을 키울 수 있습니다. 아이가 먹는 행위의 주체가 되는 경험을 하면 할수록 눈과 손 그리고 입의 감각은 종합적으로 발달하게 되지요.

- 스스로 무언가를 함으로써, 살아가는 데 필요한 독립성과 자율성을 발견하는 계기가 됩니다.

- 자신의 의지로 먹는 식사는 음식에 대한 거부감과 갈등을 줄일 수 있습니다.

- 아이만을 위한 특별식을 준비하는 시간은 줄어들고 보호자와 아이가 함께 식사를 할 수 있기 때문에 요리하는 시간도 절약되죠.

1. 다니엘 L. 외, 〈아이주도이유식의 소개: 영양보충을 위한 아이주도접근법의 무작위통제실험〉, BMC소아청소년과, 2015년
2. 모리슨 B. J. 외, 〈아이주도이유식이 아이의 음식에 대한 다양성과 선호도에 미치는 영향〉, 뉴트리언, 2018년

아이주도이유식을 주저하는 이유

- 음식물이 아이의 기도로 잘못 들어가지는 않을까 걱정돼요.
- 아직 이가 나지 않아 음식을 잘라 먹을 수 없을 것 같아요.
- 아이가 혼자서 먹으면 충분한 양을 섭취하지 못하는 것은 아닐까요?
- 음식을 여기저기 흘리니까 먹는 것보다 버리는 게 더 많을 것 같아요.

도전! 아이주도이유식

"육아 관련 직종에서 일하다 보니 처음에는 이런 걱정들 때문에 아이주도이유식을 망설이는 보호자들을 많이 봤어요. 반대로 아이주도이유식에 호기심을 갖는 사람과 전문가들도 많이 보았습니다. 이들은 긴가민가하면서도 아이가 얼마나 잘 해내는지 지켜보면서 놀라움을 금치 못했죠. 그런 경험들이 쌓이면서 이 책을 쓰게 되었습니다."

9년차 어린이집 부원장의 이야기

"우리 어린이집에서는 피클러(Pikler)와 몬테소리(Montessori) 교육이론을 기반으로 교사 팀을 운영하고 있습니다. 두 이론 모두 아이의 주체성을 중요시 여기는 교육방법이죠.

하지만 아이주도이유식은 돌봐야 하는 아이들이 많은 어린이집 같은 기관에서 쉽게 시도할 수 있는 방법은 아니에요. 그럼에도 우리는 아이들 각자의 리듬을 존중하며 아이가 발달의 주체가 될 수 있도록 도와주기 위해 아이주도이유식을 시도하고 있어요. 이 방식은 아이가 자신의 감각을 이용해 음식을 탐색할 수 있어 아이의 자립성을 키워주는 데 효과적이기 때문이에요.

이 책을 읽으면서 아이주도이유식이 아이에게 주체적인 자유, 자유로운 선택을 가르쳐준다는 확신을 갖게 되었습니다. 아이에게 놀랍고 아름다운 모험을 선사하고 싶은 부모나 육아전문가들에게 아이주도이유식은 매우 유용한 선택지가 될 것입니다."

2 아이의 성장에 필요한 영양소 챙기기

신생아는 생후 12개월 동안 매달 눈에 띄는 성장을 보입니다. 그럼 생후 6개월 이후 아이들에게 어떤 영양소가 필요할지 세계 여러 영양전문가들의 추천을 들어볼까요?

세계보건기구의 권장사항

"세계공중보건학에 따르면 최적의 성장과 발달, 건강을 위해 아이에게 생후 6개월 동안은 모유나 분유만 제공하는 것을 권장하고 있습니다. 이후부터는 필요한 영양분도 달라지므로 두 돌이 지날 때까지 적절하고 확실한 영양보충과 수유가 병행되어야 합니다.[3]"

프랑스영양건강계획의 권장사항

프랑스에서 아이의 영양섭취에 대해 권장하는 내용은 다음과 같습니다.

"생후 6개월까지, 아이는 주로 모유 또는 분유를 섭취하는 것이 좋습니다. 그리고 점차 다른 음식도 함께 섭취할 수 있게 되는데, 이를 '이유식 단계'라고 합니다.[4]"

프랑스에는 아이에게 필요한 영양성분을 갖춘 모유 대체식품에 대한 법이 존재합니다. 2000년에 제정된 특수의료 건강식품 관련 규정과 2008년에 제정된 유아식품 관련 규정은 2017년에 통합 개정되며, 그 기준이 한차례 더 강화되었습니다. 모두 제조 시 들어가야 할 필수 성분을 규정하고 있으며 이 법에 따라 유아식품에는 단백질, 지방, 탄수화물, 미네랄, 비타민 등 여러 성분의 함유량이 준수되어야 하죠.

하지만 주의할 점이 있어요. 일부 식물성 혹은 동물성 분유 중에는 위에서 언급한 성분과 용량을 따르지 않는 제품도 있습니다. 선천적으로 대사질환을 갖고 있거나 알레르기 질환이 걱정되는 아이를 위한 '특수 분유'가 이런 제품에 속해요. 일반 분유에 몇 가지 성분을 빼거나 더한 제품을 말합니다. 아직 제품군이 다양하지는

---

3. 《영유아 수유유형: 의대생들과 건강 관련 직업종사자들을 위한 교재》, WHO, 2009년
4. 참고 웹사이트: 프랑스영양건강계획 공식 사이트(mangerbouger.fr)

않지만 몇몇 국내 제품들이 개발되고 있어요. 특수 분유의 경우, 모든 유아에게 항상 적합하지는 않아요. 따라서 유아식품을 고를 때 성분을 면밀히 확인하고 현행 규정과 비교해 볼 필요가 있습니다.

이유식 단계에서도 수유를 계속 해야 할까?

하지만 실제 육아 관련 일을 해보니 의외로 많은 부모들이 세계보건기구의 권고사항에 대해 잘 알지 못했고, 심지어 일부 보건전문가들도 마찬가지였습니다.[5]

생후 6개월이 지난 후에도 모유나 분유를 계속 먹어야 하는데 이에 대한 관심과 중요성이 일부 육아전문가들을 제외하고는 대부분 잘 알려져 있지 않습니다. 하지만 세계보건기구의 이러한 권고사항은 다양한 국제과학연구에 근거를 두고 있어요.[6]

모유는 생후 6개월 이후 유아에게 여전히 좋습니다. 필수적인 영양분을 잘 갖추고 있고, 엄마가 먹는 음식에 따라 모유의 맛도 매일 달라지니까요. 특히 모유에는 질병과 싸우기 위한 항체, 신경세포의 성숙에 필요한 지방

등 아이의 성장에 도움이 되는 200가지 이상의 특수영양성분이 들어있습니다. 또한 최근에 이루어진 연구를 통해 모유가 위장 감염을 예방하는 데 중요한 역할을 한다는 사실도 밝혀졌어요.[7]

분유를 먹는 아이들은 영양섭취뿐 아니라, 다양한 맛을 발견하고 새로운 식감과 질감을 경험하는 것이 중요합니다. 또한 생후 6~12개월 때부터 먹게 되는 분유(2단계 분유)에는 생후 12개월 이상 아이에게 필요한 영양소가 포함되어 있어야 하죠. 영양성분도 관련 규정을 준수해야 합니다. 그중에서도 일반 분유가 몸에 맞지 않는 아이라면 제품을 고를 때 성분을 한 번 더 검토해 보는 것이 좋습니다.

생후 6개월 이후 필요한 열량

세계보건기구는 2005년 《모유수유를 하지 않는 생후 6개월에서 24개월 아이에게 먹일 음식에 관한 지도원칙》[8]을 발표했습니다. 그 자료에서 발췌한 내용을 정리했어요. "이 지도원칙은 현지에서 구할 수 있는 식재료로 영양소가 적절히 포함된 식단을 구성할 수 있는가를 연구한 결과입니다. 이 내용은 2004년 초 제네바에서 열린 비공식 전문가회담에서 맺은 합의 내용을 기초로 하고 있습니다."

5. 19쪽 각주 3번 참고
6. 베르나르도 L. 오르타 외, 〈모유수유의 장기적 효능에 대한 근거: 체계적 검토와 메타분석〉, WHO, 2007년; 범미주보건기구(PAHO), 《모유수유와 상호보완적인 이유식의 지도원칙》, WHO, 2003년; M. S. 크레이머 외, 〈모유수유 조정 시도 촉진(PROBIT): 벨라루스 공화국의 무작위표본추출실험〉, 미국의학협회, 2001년; M. S. 크레이머와 R. 카쿠마, 〈최적의 완전모유수유기간〉, 코크런 체계적 검토 데이터베이스, 2002년; N. 산소타 외, 〈고형식 섭취의 시작시기와 알레르기질환 발병위험: 근거자료의 이해〉, 알레르기학과 면역병리학, 2013년

7. M. E. 슈나이처 외, 〈영유아의 위장 감염에 대한 모유수유의 효과: 선별집단의 최대우도추정법을 통한 종단연구〉, 연간응용통계(AOAS), 2014년
8. 참고 웹사이트: who.int/maternal_child_adolescent/documents/9241593431/fr/

모유와 분유는 모든 아이들의 영양섭취에 있어 매우 중요합니다.

하지만 생후 6개월 이후부터는 모유나 분유만으로 철분, 아연 그리고 다른 영양소(《영유아 영양섭취》, 2009년 참고)를 섭취하기 어렵습니다. 그래서 다양한 음식을 통해 부족한 영양을 보충할 수 있는 것이 중요하죠.

생후 6개월 무렵에는 추가적인 에너지원이 필요해요.

이미 많은 연구를 통해 이 시기의 아이에게 모유나 분유 이외의 영양보충이 필요하다는 사실이 증명된 바 있습니다. 그럼 이제 아이에게 줄 음식을 고르는 데 도움이 될 만한 사항들에 대해 알아볼까요?

생후 6개월 이후 하루 필수 열량

선진국에서는 아이의 올바른 성장발달을 위해 생후 6개월에서 8개월까지는 1일 200kcal가 필요하다고 규정하고 있습니다.

- 생후 9개월에서 11개월: 1일 300kcal
- 생후 12개월에서 24개월: 1일 550kcal

하루 열량 중 모유나 분유의 비중

생후 6개월에서 8개월 때는 하루 필요한 열량의 80%를 모유나 분유로 섭취하는 것이 바람직합니다.

- 생후 9개월에서 11개월: 50%
- 생후 12개월에서 24개월: 35%

프랑스영양건강계획의 주의사항: "음식의 농도와 종류는 개월 수에 따라 점차 늘려나가야 합니다. 생후 12개월이 되면 아이들은 대부분 가족이 먹는 음식을 함께 먹을 수 있습니다."

모유수유를 하든 분유를 먹든 아이주도이유식의 활용법은 똑같습니다. 아이의 먹는 속도와 식사량, 먹는 과정을 존중하며 옆에서 지켜보세요. 보호자의 관심 아래 아이는 가족과 함께 하는 식사법을 매우 빠르게 익힐 수 있습니다. 이는 가족 모두에게 큰 즐거움이 될 거예요.

아이의 체중변화

세계보건기구는 6개월 동안 완전모유수유를 하다가 이유식 단계로 넘어간 아이의 체중변화에 관해 중요한 연구를 진행했습니다. 연구 결과, 신생아에서 두 살이 될 때까지 남아와 여아의 몸무게 변화에는 차이가 있었습니다. 프랑스에서 현재 사용하는 건강기록수첩[9]에 나오는 체중변화표와 수치가 다르다는 점 참고해 주세요.

이 세계보건기구의 체중변화표를 보면 부모와 보건전문가의 큰 걱정 없이도 아이들은 잘 성장한다는 사실을 확인할 수 있어요.

아이의 체중은 다음 체중변화표에 표시된 곡선들처럼 변화해야 합니다. 어느 곡선을 따라 변화할지는 물론 출생 시 체중에 따라 달라집니다.

---

9. 프랑스에서 시행하는 보건정책으로, 출생 신고 시 무료로 발급된다. 우리나라의 '표준모자보건수첩'과 유사하며 프랑스에서는 만 18세까지 의무적으로 사용 및 보관해야 한다.

개월 수별 여아 몸무게
출생부터 두 돌까지

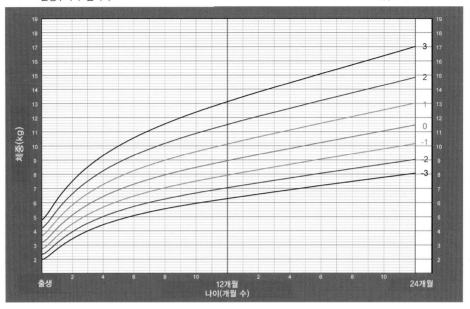

개월 수별 남아 몸무게
출생부터 두 돌까지

세계보건기구

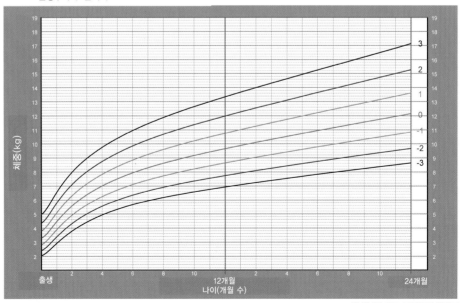

세계보건기구 표준아동성장표

소아청소년과 의사인 실바나 트레비장 박사의 이야기

"생후 4~5개월 된 아이를 둔 부모들은 저에게 항상 아이에게 채소나 과일을 줘도 괜찮은지 묻습니다. 저는 우선 그 음식이 앞에 있을 때 아이의 태도를 자세히 묘사해 달라고 말해요. 아이의 운동능력이나 아이가 하고 싶어 하는 것, 생리적 욕구 등에 대해 먼저 알아야 하니까요. 어떤 부모들은 고형식을 아이 스스로 먹게 해도 되는지를 묻기도 합니다. 그럼 저는 언제나 한 영상을 틀어줍니다. 그 영상에는 태어나서 처음으로 고형식을 접하고, 그걸 자기 손으로 집어서 먹는 아이들의 모습이 담겨있어요. 그리고 몇 달 후, 놀랄 만큼 능숙하게 식사하는 아이들의 모습도 함께 보여주었죠. 제가 일하는 병원에서는 '대화하며 함께 먹는 식사'를 제안합니다. 보호자가 함께 식사하며 지켜보는 가운데 아이들은 스스로 음식을 먹는 방식이에요.

아이들의 체중변화는 변수가 많아 각지각색이긴 하지만, 대체적으로 주도적인 식사를 하는 아이와 수동적으로 식사하는 아이에게서는 어떠한 차이가 관찰됩니다. 보호자가 이유식을 떠먹여 준 아이들에게서는 일시적으로 체중증가가 느려지는 시기가 나타났는데, 놀랍게도 혼자서 음식을 먹은 아이들에게는 그런 시기가 거의 없었다는 거예요.

참고로 이 시기의 '바람직한' 체중증가의 기준은 앞쪽에 실린 세계보건기구의 체중변화표입니다. 영양학적 권장사항을 준수하며 자란 아주 건강한 아이들을 대상으로 수집한 결과이기 때문이에요.

체중변화가 같은 수치로 꾸준히 증가한 아이들은 이유식을 먹으면서도 이전까지와 동일하게 모유나 분유도 함께 먹어 왔다고 해요. 하지만 중간에 체중변화가 더디어진 아이들은 갈거나 졸인 음식 혹은 다른 혼합 음식물들을 모유나 분유보다 우선적으로 섭취하는 경우가 많았습니다. 하루 식사에서 모유나 분유가 차지하는 비중이 적으면 아직 생후 5, 6개월 밖에 되지 않았는데도 아이는 '이제 모유나 분유는 더 이상 좋아하지 않는' 상태가 되어버리고 말죠. 이런 현상은 아이의 건강에 부정적이며 영양학적 문제가 생길 수 있습니다. 저는 35년 동안 이 일을 하면서 아이의 이유식에 관한 의학기관의 권고사항들을 많이 접했습니다. 제 경험으로 봤을 때, 저는 보호자들에게 '아이를 믿고 아이가 원하는 것을 선택하게 하라'고 말하고 싶습니다. 왜냐하면 아이는 본능적으로 자기에게 필요한 것을 알기 때문입니다."

아이를 위해 챙겨야 할 필수영양소

세계보건기구가 연구한 〈영유아의 음식〉에 따르면 아이는 모유나 분유로는 부족한 영양을 보충하기 위해 열량이 높고 영양소가 풍부한 음식을 섭취해야 합니다.

이런 영양소는 우리가 먹는 음식에서 쉽게 얻을 수 있어요.

무기질과 미네랄

철분

철분은 동물의 간에 상당히 많이 함유되어 있습니다. 하지만 간은 체내에서 불필요한 성분을 저장하는 기관이기 때문에 유통과정이 엄격하게 통제된 제품을 섭취해야 하죠. 붉은 살코기나 뿔닭 같이 검은 살코기 가금류도 철분이 풍부한 음식입니다.

또 육류뿐 아니라 콩류, 녹색 채소, 곡물을 통해서도 철분을 섭취할 수 있어요. 이런 식물성 철분의 경우, 비타민 C를 함께 섭취하면 흡수율이 높아집니다.

그런데 고기 식단이 아이의 소화에 부담이 될까 봐, 아이가 나중에 편식을 할까 봐 어릴 때부터 채소 위주의 식단을 준비하는 분들도 있는데요. 퀘벡의 국립공중보건연구소에서 이 점에 관해 한 가지 권고사항이 있습니다.

"균형이 잘 잡힌 채식은 아이에게도 유익할 수 있습니다. 하지만 너무 많은 음식을 식단에서 배제하면 일부 영양소가 부족해 아이의 발달에 나쁜 영향을 미칠 수 있습니

다. 그러니 식단을 짤 때 영양사와 상의해 보는 것이 좋습니다."(《임신부터 두 돌까지 아이와 지내는 방법》[10])

2004년 N. 버트 외 저 〈영유아의 건강한 식사를 위한 규칙〉[11]에서도 아이는 충분한 철분을 섭취해야 한다고 강조하고 있죠.

아연

아이의 면역체계와 성장발달에 필요한 아연은 고기, 생선과 해산물, 달걀 그리고 콩류에 들어있습니다. 특히 통곡물과 굴에는 아연이 풍부하니, 개월 수에 맞게 음식을 선택하시면 됩니다.

칼슘

칼슘은 우유를 포함한 각종 유제품, 멸치와 꽁치 등 뼈째 먹는 생선 그리고 양배추, 상추, 강낭콩, 완두콩, 당

10. 참고 웹사이트: https://www.inspq.qc.ca/mieux-vivre
11. 미국영양학협회, 2004년

근 같은 채소, 말린 무화과에도 풍부합니다. 칼슘은 비타민 D와 함께 먹으면 흡수가 더 잘 돼요.

비타민

비타민 A는 주로 달걀노른자, 과일, 녹색 채소에 많이 들어있습니다.

비타민 C는 신선한 과일, 토마토, 녹색 채소에서 얻을 수 있습니다.

비타민 D는 칼슘의 흡수를 도와 뼈의 성장에 중요한 역할을 합니다. 비타민 D는 햇빛을 받아 자연적으로 체내에서 만들어지기도 하지만 아이나 일부 성인들은 추가로 섭취해야 하는 경우도 있습니다. 지방이 많은 생선, 동물 내장, 달걀노른자, 버터에 함유되어 있습니다.

3대 필수영양소라고 불리는 탄수화물(당질), 단백질, 지방(지질)은 에너지, 즉 열량를 만들어내는 물질입니다.

지방(지질)

지방은 생후 12개월~36개월 아이에게 필요한 하루 총 열량 중 30~40% 정도를 차지합니다. 지방은 음식의 맛을 돋구어 주고 식감에 변화를 주기도 하죠.

지방은 아이의 성장과 발달에 유용하게 쓰입니다. 또 에너지원의 상당 부분은 지방으로 이루어져 있죠. 동물성 기름보다는 카놀라유나 해바라기씨유, 올리브유, 참기름 같은 식물성 기름이 좋습니다.

기름은 다양한 요리를 할 때 활용됩니다. 예를 들어 카놀라유는 차가운 요리에 드레싱처럼 쓰일 수 있고, 들기름이나 참기름은 볶음요리를 할 때 쓰이기도 하죠. 식물성 기름은 종류별로 발열점이 달라 일정 온도 이상 가열하면 발암물질이 생성되기도 하니 용도에 맞게 사용해야 합니다.

청어나 정어리, 고등어처럼 지방이 많은 생선은 다른 생선에 비해 오메가3를 다량 함유하고 있습니다. 오메가3는 특히 신경체계를 발달시키는 데 중요한 역할을 해요. 아보카도처럼 지방이 함유된 과일은 어린 아이들에게 매우 좋지만, 가열된 버터와 마가린은 줄이는 것이 좋습니다.

탄수화물 (당질)

탄수화물은 생후 12개월~36개월 아이에게 필요한 하루 총 열량 중 45~65%를 차지합니다.

탄수화물을 매일 섭취하지 않는 가정도 있지만 신체의 주요 에너지원이기 때문에 매끼마다 섭취하는 것이 좋아요. 메밀, 옥수수, 쌀, 잠두콩, 렌틸콩, 강낭콩, 퀴노아 등 주로 곡물과 콩류에 많이 함유되어 있습니다.

사탕, 과자류나 단 음료, 초콜릿, 꿀이나 잼과 같은 단당류는 두 돌 혹은 세 돌이 지나서부터 주는 게 좋습니다. 반면 쌀이나 밀, 퀴노아 같은 곡물 혹은 렌틸콩, 강낭콩에 들어있는 복합 당질인 다당류는 신체에 장기적으로 에너지를 공급해 주므로 생후 6개월부터 섭취해야 합니다.

단백질

단백질은 생후 12개월~36개월 아이에게 필요한 하루 총 열량 중 7~20%를 차지합니다. 동물성 혹은 식물성 단백질로 나뉘어 다양한 음식에서 얻을 수 있죠.

동물성 단백질은 지방 함유량이 높아 계획적 섭취가 필요합니다. 생후 12개월 아이의 경우 하루에 10~20g 정도면 충분해요. 여러 가지 단백질을 섭취하기 위해서는 일주일 식단을 준비할 때 고기뿐 아니라 유제품이나 우유 등 음식을 고루 섞어서 구성하는 것이 좋습니다.

곡물과 콩류와 같은 식물성 단백질은 지방이 적고 비타민과 미네랄도 함께 얻을 수 있어요. 하지만 식물성 단백질로만 식단을 구성할 경우 전문가의 도움을 받는 것이 좋아요. 식물성 단백질은 동물성 단백질보다 아미노산의 균형이 떨어지는 '불완전단백질'이기 때문에 아이의 성장에 있어 다른 식품과의 조합이 중요해요.

수분

수분은 아이가 원할 때, 목이 마를 만한 상황마다 충분히 공급해 주어야 합니다. 기본적으로 물이나 모유 또는 분유, 고형식을 통해서도 아이는 수분을 섭취할 수 있습니다.

피해야 할 음식

소금 혹은 나트륨

아이와 함께 먹을 음식을 준비할 때는 소금을 뿌리지 않고 조리하는 습관을 들이는 것이 좋습니다. 나트륨은 채소나 과일 같은 신선식품에 이미 충분히 함유되어 있어서, 따로 간을 하지 않아도 체내에 필요한 나트륨은 충분히 채울 수 있어요.

특히 시중에서 판매하는 음식에는 맛을 돋우기 위해 소금을 너무 많이 첨가하는 경향이 있으니 주의해야 합니다.

견과류

아몬드나 땅콩, 헤이즐넛 같은 견과류는 알레르기 질환을 일으킬 위험이 있으니 생후 36개월 이후부터 먹이는 것이 좋습니다. 혹시 먹이게 된다면 응급상황에 대비하기 어려운 늦은 시간보단 오전에 식사하는 것이 안전해요.

아이주도이유식의 기본 원칙은 아이에게 음식을 줄 때 영양가 높은 음식을 적은 양으로 준다는 겁니다. 그래야 아이도 스스로 자신에게 필요한 양을 조절할 수 있기 때문이죠. 따라서 음식에 들어있는 영양소에 관심을 갖게 되면 아이주도이유식에 접근하기가 훨씬 수월해질 거예요. 관련 도서들도 많이 있으니 식단을 짤 때 여러 도움을 받을 수 있을 거랍니다!

평소에도 집에서 균형 잡힌 식사를 한다면 아이에게 건강한 음식을 준비하는 데 큰 어려움이 없을 거예요. 하지만 건강한 식단과 아이의 입맛을 존중한 식단은 별개의 이야기로, 따로 시간을 두고 이야기해야 할 만큼 까다로운 문제입니다.

어린이집에서는 어떻게 식단을 만들까?

"어린이집에서는 여러 분야의 전문가들이 만든 식단을 사용하는 경우가 많은데 기본적으로 아이들에게 다양한 음식을 경험시켜 주는 형식이라고 보시면 됩니다. 기업형 식당과 계약한 경우에는 특별히 원하는 음식을 메뉴에 넣어달라고 요청하기도 합니다."

음식 알레르기, 어떻게 대비할까?

알레르기 질환은 유전적 요인일 확률이 높습니다. 만약 가족 중에 특정 음식에 대한 알레르기 환자가 있다면 해당 음식은 조심스럽게 접근해 보는 것이 안전해요.

알레르기나 부작용이 잘 나타나는 음식으로는 달걀, 해산물, 키위, 샐러리, 겨자, 땅콩, 헤이즐넛, 아몬드, 글루텐, 유당 등이 있어요. 생후 12개월까지는 위험요인이 조금이라도 있는 음식은 되도록 피하는 것이 좋습니다.

프랑스영양건강계획에서는 알레르기에 대해 이렇게 명시하고 있습니다.[12] "우선 새로운 음식을 먹일 때 주의 깊게 지켜봐야 합니다. 음식 알레르기의 진단은 매우 까다로우니 증상이 의심된다면 곧바로 의사와 상의하세요."

음식 알레르기의 증상은 다음과 같아요.

- 구토
- 설사
- 체중 정체 혹은 감소
- 습진 혹은 피부성 발진
- 천식
- 과민성 쇼크

도전! 아이주도이유식

"아이가 식사 중에 '알레르기를 유발할 위험이 있는' 음식을 먹을 수도 있고 알레르기 유발 사실을 모르고 다음 날 그 음식을 다른 음식과 함께 줄 수도 있어요. 그러므로 보호자는 아이에게 특별한 반응이 나타나는지 유심히 살펴보아야 하죠. 위험요인이 있는 음식들을 한 식단 안에 같이 준비하지 말고, 먼저 한 가지를 먹여본 뒤 알레르기 반응이 나타나지 않으면 이틀 후에 다른 음식을 먹여보세요."

12. 〈음식 거부반응과 알레르기: 먹고 움직이고〉
https://www.mangerbouger.fr/Manger-Mieux/Manger-mieux-a-tout-age/Enfants/De-6-mois-a-3-ans/Allergies-et-intolerances-alimentaires

3

우리 아이,
아이주도이유식을
잘 할 수 있을까?

아이는 태어난 이후부터 자신의 몸을 이용해 하나둘 세계를 발견해 나갑니다. 아이가 안전하고 편안한 곳에 있다고 느낄 만한 환경이라면 이 발견은 더욱 쉽고 빠르게 이루어질 거예요.

자유로운 활동을 통한 신체능력의 발달

아이는 태어나면서부터 이미 스스로 아이주도이유식을 위한 준비운동을 합니다. 손과 발을 가지고 장난치고, 장난감을 입으로 가져가는 놀이를 끝없이 반복하면서 아이는 일종의 조정과정을 거치게 됩니다. 어른의 눈으로는 장난치는 것처럼 보여도 아이는 그 행동을 통해 자신의 눈과 손, 입끼리의 적당한 거리감과 힘 조절을 배우는 거예요.

아이는 그렇게 손과 발, 입을 통해 세상을 넓혀갑니다. 발달수준에 따라 매우 훌륭한 탐험가가 될 수도 있죠.

장 엡스타인과 클로에 라디게는 《벌거숭이 탐험가》[13]에서, 파스칼 파비와 시리엘 로는 《아이의 운동능력 일깨우기》[14]에서 어떻게 아이의 능력을 개발하고 이끌어줄 수 있을지에 대해 이야기합니다.

아이는 처음엔 손 전체로 물건을 잡다가 점차 엄지손가락을 사용하기 시작합니다. 엄지손가락은 나머지 손가락들과 다른 방향으로 뻗어있기 때문에 아이는 더 정교하게 음식이나 물건을 '꼬집듯이' 붙잡을 수 있게 됩니다. 또 엄지손가락을 독립적으로 사용하면 무언가를 긁거나 구멍을 낼 수도 있게 되죠.

13. 대학출판(Éditions universitaires), 1999년
14. 망고(Mango), 2016년

애착관계와 정서적 안정감

생후 6개월 무렵에 아이는 어느 정도 자립심을 갖게 되지만 여전히 부모나 어린이집 선생님 같은 보호자의 손길이 필요합니다. 모유나 분유를 수유하던 때처럼 초반에는 아이를 품에 앉고 음식을 먹이는 것이 좋아요. 아이에게 익숙한 신체적 접촉을 통해 보호자와 아이 사이의 애착관계를 더 안정적으로 만들 수 있기 때문이에요.

부모는 아이의 발달에 있어 중요한 '애착대상'입니다. 보모나 어린이집 선생님도 매우 중요한 2차적 애착대상이 되죠. 아이는 애착대상들에게서 정서적으로 편안함을 느끼는데, 그 관계가 안정될수록 아이는 환경을 능동적으로 탐색하고 낯선 물체에 대해서도 유연하게 상호작용을 할 수 있습니다. 반대로 불안정한 상태라면 아이의 탐색활동은 크게 위축됩니다. 다시 말해 가까이 있는 보호자에게서 안정감을 느끼면 아이는 음식의 색깔과 냄새, 식감과 맛에 집중할 수 있게 됩니다.

만약 애착관계가 잘 형성되었다면 품에 안겨 식사하던 아이는 어느 순간부터 보호자의 손가락을 붙든다든지, 몸을 바둥거리며 좀 더 적극적으로 식사에 참여하고 싶다는 표현을 할 거예요. 그럼 아이를 유아용 의자에 앉혀주세요. 그때부터 아이는 자신의 자리 하나를 당당히 차지하고 앉아 집에서는 다른 가족들과, 어린이집에서는 친구들과 함께 음식의 세계를 탐험하기 시작할 거예요.

> ### 정신운동전문가[15] 겸 작가인 파스칼 파비의 이야기
>
> "아이주도이유식은 자율적인 놀이와 같은 맥락으로 볼 수 있습니다. 아이의 정서적 안정과 탐험에 대한 기본적인 욕구를 모두 충족시키는 것으로, 자연스러운 성장발달과 자립심을 키우는 데 도움이 됩니다. 식사를 할 때 아이가 행위의 주체가 되면 신체 능력이 발달하고 자존감도 높아집니다. 또한 도구와 음식을 스스로 다루면서 시각을 비롯한 다른 감각과의 상호작용도 발달됩니다."

음식을 입에 넣는 즐거움

생후 6개월쯤부터 아이는 음식물을 혼자서 입에 넣을 수 있습니다. 처음에는 식탁에서 보호자가 하는 것을 보고 따라하다가 나중에는 점점 능숙해져서 천천히 먹는

---

15. 정신운동(Psychomotor)은 의식, 만족 등 모든 정신작용으로 일어나는 운동 현상을 말한다. 주로 함께 쓰이는 '정신운동교육'은 인지발달을 위해 신체적 움직임의 중요성을 강조하는 교육을 뜻한다.

도전! 아이주도이유식

"저는 아이가 아직 스스로 하지 못하는 동작을 시키는 부모들을 종종 봅니다. 많은 부모가 아이에게 무리한 동작을 시키고서는 우리 아이는 아직 안 되겠다거나 위험하다면서 아이주도이유식을 포기하곤 해요. 아이는 사실 스스로 먹을 준비를 해왔는데 말이에요! 하지만 처음 우려하던 단계를 지나 아이가 혼자서 이유식을 먹는 모습을 본 부모들은 모두 아이를 대견해하며 기뻐한답니다."

양을 늘려가게 됩니다. 특히 한 접시에 있는 음식을 함께 나눠 먹으면 아이는 더 빨리 먹는 법을 습득합니다. 물론 가족이 먹는 음식이 아이에게도 적합한 음식일 경우를 전제로 이야기하는 거예요!
아이는 식사라는 특화된 시간 동안 스스로 무언가를 해내는 즐거움은 물론, 다른 사람과 함께 하는 즐거움도 알게 됩니다.

아이주도이유식을 준비하는 보호자의 자세

아이주도이유식을 실행하려면 아이에 대한 걱정을 조금은 내려놓아야 합니다. 어떤 부모들은 아이주도이유식에 처음 도전할 때 음식물이 기도로 들어가지 않을까, 또는 아이가 충분히 영양분을 섭취하지 못하면 어쩌나 걱정하기도 해요. 식사를 준비하고 정리하는 데 신경 쓸 것들이 더 많아질까 봐 망설이기도 하고요. 하지만 지나친 걱정은 금물입니다! 아이주도이유식을 실행하려면 이런 망설임을 넘어서야 합니다.

엄마와 아이의 관계

《아이와 가족》[16]에서 도날드 W. 위니코트는 다음과 같이 말하고 있습니다. "부모로서 자신에게 주어진 모든 것을 기쁘게 바라보세요. 아이를 돌보는 데 있어 종종 더러운 것을 치워야 하겠지만 즐거운 마음으로 대하는 것이 매우 중요합니다. 아이는 단순히 때에 맞춰 적당히 잘 준비된 음식보단, 애정을 가진 사람이 주는 것에 더 큰 영향을 받습니다.

도전! 아이주도이유식

"저는 아직 한참 어린 아이에게 엄격한 규칙을 들이대면서 음식을 전부 다 먹으라고 강요하는 부모들을 본 적이 있어요. 식사가 나오자마자 아이는 먹으려고 하지 않았고 부모가 내미는 음식을 모두 거절했습니다. 부모들은 어떻게 해야 할지 몰라 당황했죠. 식사는 결국 눈물범벅인 채로 치러졌습니다.
다행히 그런 부모들과 교육원칙에 관해 상담을 하고 나면 대부분은 아이를 대하는 태도가 바뀌었습니다. 사고방식이 좀 더 유연해지고 음식을 준비할 때도 아이에게 스스로 참여할 기회를 전보다 더 많이 주었어요.
아이가 표현하는 것에 귀 기울여 들어주고, 아이의 행동을 통제하려는 마음을 없앤다면 식사는 훨씬 더 평온하게 흘러갈 거예요.
가끔은 문제를 해결하기 위해 육아전문가의 도움이 필요할 수도 있습니다. 이는 부끄러운 일이 절대 아닙니다. 아이주도이유식도 하나의 육아 '기술'이니까요.

16. 페이요(Payot), 2017년

부모는 아이를 위해 부드러운 옷을 준비하고, 목욕물의 온도를 따뜻하게 맞춥니다. 아이에겐 이 모든 배려가 당연한 것일지라도 부모의 이런 노력은 아이에 대한 애정이 없다면 자연스럽게 나오기 어렵죠. 보호자가 아이를 돌보는 일을 즐거워할 때 아이는 눈 위로 쏟아지는 아침햇살 같은 따스한 감정을 느낄 겁니다. 부모로서의 즐거움은 바로 여기에 있습니다. 서로에게 즐거움이 없다면 아이를 돌보는 것은 의미 없고 기계적인 노동이 될 겁니다."

아이주도이유식을 하며 아이가 스스로 음식을 먹는 데에서 즐거움을 느낀다면, 부모도 모유나 분유병에서 차려먹는 식사로 넘어가는 과정을 즐거운 변화로 받아들일 수 있습니다.

《어린이집에서의 피클러식(式) 접근》의 저자는 어린이집 선생님들은 밥을 먹는 아이들의 모습을 지켜보면서

도전! 아이주도이유식

"저는 어린이집에서 일할 당시, 아주 무거운 분위기 속에서 눈물바람으로 식사하는 아이들을 종종 본 적이 있어요. 이러한 문제를 해결할 저의 비장의 무기는 바로 아이와 부모의 이야기를 귀 기울여 듣는 거였어요. 우선 집에서 어떤 식으로 식사하고 있는지를 부모에게서 들은 뒤, 식사하던 장소와 시간대를 비슷한 조건으로 바꿔봅니다. 그리고 어린이집 선생님들과 함께 아이의 반응을 유심히 관찰하는 거예요. 아이의 표현을 알아차리고 식사법에 반영할 수 있도록 어린이집 선생님들의 적극적인 참여가 필요하죠."

상황에 따라 자신의 생각을 바꿀 줄 알아야 한다고 말합니다. 장 로베르 아펠은 이 책에서 '식사 시간을 위한 공간 배치'라는 장을 집필했습니다. 그는 아이가 보호자의 품 안에서 벗어나, 점차 다른 아이들과 함께 식탁에 앉아 식사를 하게 되는 과정을 아주 상세히 기록했죠. 또 안전에 대한 문제와 어떻게 하면 보호자와 아이 모두가 편안하게 식사를 할 수 있는지에 관한 이야기도 다루었습니다.

아빠의 역할

도전! 아이주도이유식

"아이주도이유식을 하자는 엄마의 결정을 그대로 따르는 아빠들을 많이 봤어요. 그런 아빠들은 대부분 학술지나 블로그, 웹사이트에서 정보를 찾아보지 않고 그저 엄마가 하자는 대로 동의하죠. 그렇지만 결국 관심이 있든 없든 배우자의 참여의사가 없다면 아이주도이유식을 아이에게 적용하는 과정은 순탄치 않을 거예요.

어떤 아빠들은 지금까지 해오던 방식을 고수하거나 새로운 결정을 꼼꼼히 살피기 위해 여러 번 질문을 던지고 의심하기도 합니다. 아예 아이주도이유식의 원칙과 도입 자체를 반대하는 아빠들도 있는데, 이럴 경우 보호자의 참여가 반드시 필요한 아이주도이유식을 시작하기 어려울 거예요. 동의했더라도, 계속해서 아이에게 제대로 된 식사를 주고 있는 건지 의심의 눈초리를 던지기도 하죠."

17. 미리암 라스와 장 로베르 아펠, 에레스(Erès), 2016년

아이 아빠 뱅상의 이야기

"우리 집 '1호'의 초기 이유식은 다소 평범하고 고전적이었습니다. 매번 정확히 영양소를 계량해 만든 부드러운 퓌레를 실리콘 숟가락으로 떠먹였죠. 반면 '2호'는 그렇게 갈아 만든 이유식을 먹는 것을 마치 모욕적이라고 느끼는 것 같았습니다.

사실 첫째가 이유식을 시작할 때도 아이주도이유식의 취지에 끌리긴 했습니다. 그때는 제대로 된 기구도 없어서 요리하는 데 시간이 오래 걸리기도 했으니까요. 무엇보다 육아가 처음이라서 아이에 대해 잘 모르는 상태였어요. 그런 우리에게 먼저 신호를 보낸 건 아이였습니다. 생후 5개월 되던 어느 날, 첫째 아이가 식사 시간에 숟가락에 관심을 보이기 시작한 거예요. 식탁 주변이 아니라 식탁 위에 무엇이 있는지 궁금해했죠. 아이는 왕성한 식욕을 보이며 처음에 먹던 감자 퓌레를 시작으로, 점점 자기 그릇 옆에 있던 우리 접시에까지 눈독을 들이기 시작했습니다. 식탁 위에 있는 걸 전부 맛보고 싶어 했는데 특히 녹색 채소 이외의 것들에 큰 반응을 보였죠. 사실 그 전까지는 영양섭취에 있어서 엄격하게 조절하자는 주의였어요. 매 식사의 총열량까지 통제했었는데, 이유식 방법을 바꾼 덕분에 찜기는 아예 필요가 없어졌죠. '1호' 아들은 돌 무렵이 이 되었을 때, 그 애는 거의 모든 음식을 먹을 줄 알았고 자기에게 알맞은 크기로 음식을 자르는 데에도 익숙해져 있었습니다. 아이는 그렇게 먹는 한 끼 식사에 무척 만족스러워했죠.

'2호'인 저희 딸은 손에 무언가를 쥘 수 있게 되면서부터 이미 식사 시간에 자리 하나를 차지하고 앉아있었습니다. 밥을 먹을 때 둘째 아이는 호탕한 성격의 오빠를 빼다 박았어요. 그래서인지 퓌레와 수프, 다른 부드러운 식감의 이유식을 몇 번이고 준비했지만 모두 바닥으로 떨어지면서 요란하게 끝났어요.

저희 딸의 식사는 주로 이렇습니다. 우선, 애피타이저로 빵 한 조각을 먹어요. 그동안 아기 접시에 조그만 크기의 음식들을 놓아주면 그걸 원하는 대로 집어먹는 거죠. 종종 큰 덩어리를 삼키려다가, 음식 종류에 따라 게워낸 후 다시 씹기도 해요. 마지막은 항상 똑같았어요. 한참 집중해서 먹다가 갑자기 '쪽쪽이'를 달라고 하는 거예요. 그렇게 보채기 시작하면 아무리 3대 영양소를 듬뿍 넣어 만든 음식이라도 절대 쳐다보지 않았어요. 우리가 몇 주 동안 지켜본 결과, 아이가 쪽쪽이를 찾기 시작하면 식사는 그걸로 끝이라는 걸 알게 됐죠. 그러면 나머지 식구들은 조용히 아기 접시에 남은 음식을 나눠 먹습니다.

한마디로 말해 우리는 1호의 경험을 통해 아이주도이유식에 대해 마음을 놓을 수 있었습니다. 아이들의 식사는 영양 측면에서도 매우 균형이 잘 잡혀있었어요. 어쨌든 2호는 볼도 통통했고 깡충깡충 잘도 뛰어다녔으니까요. 건강상 모자란 건 아무것도 없어 보였습니다. 물론 아이에게 작은 숟가락으로 음식을 떠먹이는 것과 아이가 식탁이나 바닥을 잔뜩 어지럽히며 먹는 것은 치우고 정리하는 입장에서 하늘과 땅 차이죠. 약간 걱정이 되기도 했지만 처음 시작하던 1호 때에 비하면 그다지 큰 두려움은 없었던 것 같아요.

하지만 솔직히 세계보건기구의 권고사항을 다 지키진 못했어요. 여러분에게 아이주도이유식을 꼭 해야 한다고 부추길 생각은 없습니다. 다만 아이가 기존 이유식을 거부하면 여러분 스스로가 아이주도이유식의 필요성을 느끼게 될 겁니다. 그때 한번 시도해 보세요. 그걸로 충분합니다."

점점 더 정교해지는 잡기 능력

음식을 붙잡는 방식은 세 단계로 나눌 수 있습니다. 아이는 이 단계를 순차적으로 거쳐 능력을 습득합니다. 아이주도이유식을 시작하기 전에, 아이의 개월 수에 따라 얼마나 손을 잘 활용할 수 있는지 가늠해 볼 수 있어요. 이미 초기 이유식을 숟가락으로 퓌레를 받아먹는 방식으로 시작했더라도 얼마든지 아이주도이유식을 시작할 수 있습니다. 이제부터는 인내심이 필요합니다. 아이를 잘 관찰하고, 식사할 때 아이 곁에 있어주면 모든 것이 훨씬 수월해질 거예요.

잡기 능력 발달 3단계

1단계 (생후 6~8개월 무렵)

이 단계의 아이는 음식을 입으로 가져가기 위해 한 손 혹은 양손으로 음식을 붙잡습니다. 이때 음식을 세게 꽉 잡으면 손가락 사이로 빠져나오기도 하는데 그러면 입으로 가져가기 훨씬 쉬워집니다. 그러니 손으로 잡을 수 있

자신감을 갖고 마음 놓기

모든 부모들이 식사 시간에 아이를 쉽게 다룰 수 있는 건 아닙니다. 전문가와 상담하거나 주변인들끼리 논의하는 것도 확실히 도움이 되겠지만 그보다는 스스로 자신감을 갖고 아이를 믿고 지켜볼 수 있어야 합니다. 그러기 위해서는 우선 마음을 놓으세요!

여기서 여러분에게 질문을 몇 가지 해볼게요. 여러분이 어렸을 때는 어떻게 식사를 했나요? 식사에서 어떤 점이 중요하다고 생각하나요? 이유식 방법을 포함한 아이의 전반적인 식습관에 대해서 식구들끼리 이런 주제로 이야기를 나눠보셨나요? 대화를 나눠보는 것은 아이가 밥을 잘 먹지 않는 등 아이의 식사 문제를 해결하는 데 도움이 될 것입니다.

문제가 훨씬 더 심각하다고 생각한다면 망설이지 말고 의사나 심리학자 등 유능한 전문가에게 상담을 받는 것도 도움이 됩니다.

을 만큼 조각을 큼직하게 자르고 쉽게 부스러지는 음식으로 준비해 주세요.

작은 채소와 철분이 풍부한 부드러운 곡물류도 함께 주는 것이 좋습니다.

예: 바나나, 큰 막대 모양으로 잘라 익힌 당근, 자른 배와 자두, 데친 콜리플라워

2단계 (생후 9~11개월 무렵)

아이는 이 단계부터 네 손가락과 다른 방향으로 움직이는 엄지손가락을 사용할 수 있어요. 다시 말해 손가락을 좀 더 다양하고 섬세하게 사용할 수 있게 됩니다. 그래서 이제 주먹을 쥐듯이 음식을 꽉 잡는 행동도 점차 줄어들죠. 1단계보다 조금 더 잘게 자른 음식도 집어먹을 수도 있습니다.

예: 토마토, 자르지 않은 딸기, 네모나게 자른 고구마, 조각내어 익힌 호박

3단계 (생후 12개월 무렵)

아이가 자신의 손가락을 더 능숙하게 제어할 수 있게 되면 엄지와 검지, 혹은 엄지와 중지를 이용해 물건을 '꼬집듯이' 집을 수 있습니다. 이제부터는 손을 움직일 때 집중력을 발휘해 거의 모든 종류의 음식을 잡을 줄 알죠. 물론 이전 단계에서 주던 음식들도 모두 먹을 수 있습니다.

예: 강낭콩을 비롯한 콩류, 국수류, 껍질 깐 포도

눈-손-입, 동시에 사용하기

생후 6개월 이전: 호기심 바구니

생후 3, 4개월 무렵 아이는 어떤 물건을 발견하면 일단 그것을 붙잡아 입에 넣고 봅니다. 그리곤 혀를 움직여 잡은 물건에 대한 정보를 알아나가죠. 이 시기의 아이들은 이렇게 해서 자신의 눈과 손, 입을 함께 써나가기 시작해요.

아이에게 다양한 질감과 형태를 지닌 몇 가지 물건을 바구니에 가득 채워서 내밀어 보세요. 그 바구니를 이용해 아이는 여러 가지 방식으로 자신의 신체를 제어하는 훈련을 할 수 있어요. 예를 들어, 물건을 입 안쪽으로 집어넣어 보며 구토반사[18]에 대해서도 본능적으로 알게 되는데, 이 과정에서 음식을 넘기기 위한 목구멍과의 적당한 거리감도 익히게 되죠. 아이의 입은 여러 다른 질감과 형태를 지닌 물건을 구별하는 데 점점 익숙해질 거예요.

예: 천으로 바구니를 감싸고 그 안에 다양한 색깔로 된 나무 블록, 여러 요철이 나있는 인형, 매끄러운 천으로 만든 공, 딸랑이, 다양한 질감의 공, 판지로 만든 책 등을 넣어둡니다.

바닥에서 놀기

요즘은 장난감도 정말 다양합니다. 하지만 아직 돌이 안 지난 아이들을 유심히 지켜보면, 아이는 장난감보다 자신의 신체를 가지고 노는 게 먼저라는 걸 알아챌 수 있을 거예요. 아이를 바닥에 내려놔 보세요. 그럼 먼저 자신의 손과 발을 인지하고 그것을 탐색하기 시작합니다. 엄지손가락과 다른 손가락으로 발가락을 붙잡기도 하는데, 이것은 아이주도이유식의 첫걸음입니다. 자기의 움직임을 주의 깊게 관찰하는 것도 매우 좋은 현상입니다. 또 아이는 솔방울이나 종이, 옷에 붙은 라벨 등 여러 다른 질감의 물건을 만져보며 세상을 탐험합니다. 신비로운 물건들로 가득한 벽장은 아이에게 매우 흥미로운 세계입니다. 아이는 그 새로운 세계와 만났을 때 눈-손-입을 복합적으로 사용하게 되죠. 맞아요, 하나하나 입으로 넣어보면서 말이에요!

아이가 바닥을 탐험하기 시작했다면, 노래를 부르며 손가락을 움직이는 율동을 보여주는 것도 좋은 방법입니다. 리듬에 맞춰 촉감과 움직임 등 다양한 자극을 주면 아이는 손가락을 점점 더 세밀하게 사용할 수 있게 됩니다.

18. 목구멍 부위에 가해지는 다양한 자극에 의해 구토를 일으키는 반사작용

개미가 내 손을 물었어[19]

(아이 손등 혹은 엄마 손등을 톡톡 두드리며)
개미가 내 손을 물었어.
(손등을 살살 간지럽히며)
요 녀석, 요 녀석.
개미가 내 손을 물었어.
요 녀석이 배가 고픈가 봐
(입으로 넣는 시늉을 하며)
앙!

춤추는 작은 엄지

(아이의 엄지손가락을 톡톡 두드리며)
춤추는 작은 엄지,
춤추는 작은 엄지,
춤추는 작은 엄지,
요것만 있어도 좋아.
(아이의 양쪽 엄지손가락을 두드리며)
춤추는 작은 두 엄지,
춤추는 작은 두 엄지,
춤추는 작은 두 엄지,
요것만 있어도 좋아.
(아이의 손을 살살 흔들며)
춤추는 작은 손,
춤추는 작은 손,
춤추는 작은 손,
요것만 있어도 좋아.
(아이의 두 손을 살살 흔들며)
춤추는 작은 두 손,
춤추는 작은 두 손,
춤추는 작은 두 손,
요것만 있어도 좋아.

품에 안아주기

아이는 보호자의 품에 안겨서도 새로운 것을 습득하기 위해 모든 감각기관을 움직입니다. 밥을 먹을 때 아이를 안은 채로 식사하면 아이는 아주 빨리 보호자의 행동을 보고 인지하며, 곧 따라하려고 합니다.

첫 돌 무렵

눈–손–입을 함께 사용하는 방법도 점점 정교해집니다. 엄지와 검지로 작은 물건도 집을 수 있습니다.

19. 아네스 쇼미에, 《아이와 함께 노래 불러요》, 아이와 음악(Enfance et Musique Editions), 2014년

생후 6개월이 되면 깨물고 씹는 능력, 즉 저작(咀嚼)능력에 관심을 가져야 합니다. 저작능력은 전체적인 신체발달에 큰 영향을 받으며 단계적으로 학습되기 때문이에요. 보통 생후 9개월 반 정도가 되면 물렁물렁한 조각을 씹는 법을 습득할 수 있습니다.[20]

어른들이 겪는 소화장애의 원인은 음식을 제대로 씹지 않아서인 경우가 많습니다. 우리 신체는 입 안에 음식물이 들어오면 제일 먼저 침으로 그것을 가득 적셔 부드럽게 만드는 작업을 합니다. 음식이 우리 몸에서 소화되는 가장 첫 번째 장소는 위가 아니라, 바로 입인 거예요. 아이주도이유식은 아이의 저작능력을 효과적으로 발달시킬 수 있어 아이에게 건강한 씹기 습관을 길러줄 수 있습니다.

미각 또한 아이의 저작활동과 함께 개발됩니다. 뷔퐁은 1770년에 출간한 《새의 자연사(제1권)》에서 이렇게 말했습니다. "씹는 행위를 할 때는 감각, 즉 미각을 느끼는 기쁨이 매우 큰 부분을 차지하는데 새들에게는 그것이 결여되어 있습니다."

저작능력의 발달 3단계

1단계 (생후 6~8개월 무렵)
아이는 위에서 아래로 음식을 움직여서 비교적 물렁물렁한 조각을 혀로 잡고 쪼갤 수 있어요. 이때 혀는 입천장에 붙었다 떨어졌다하며 음식물을 부스러뜨리곤, 조각을 목구멍으로 넘겨 삼키도록 도와주는 역할을 합니다.[21] 이 단계에서 아이의 씹는 동작은 아직 완벽하지 않지만 별 무리 없이 음식을 먹을 수 있습니다.

2단계 (생후 9~11개월 무렵)
이 단계부터는 아이가 잇몸을 이용해 음식을 쪼갤 수 있게 됩니다. 혀의 움직임은 더 다양해지고 활발해집니다. 혀로 입 안쪽 구석에 있는 음식물을 가운데로 쓸 듯이 옮겨 와 삼킬 수도 있습니다.

3단계 (생후 18개월 무렵)
이 무렵의 아이는 자신의 치아를 이용할 수 있습니다. 이전까지 학습해 익숙해진 움직임도 점점 더 능숙하게 사용할 수 있어요. 이때부터는 비교적 딱딱한 음식도 씹어서 먹을 수 있죠.

이에 관해서는 에밀리 피냐르의 웹사이트 '아이 혼자 먹어요(bebemangeseul.com)'를 참고해보세요. 이곳에 가시면 각 저작능력의 발달단계에 따른 아이들의 영상을 볼 수 있습니다.

20. 리안 레민 외, 〈건강한 아동과 뇌성소아마비 환아의 저작능력평가: 유효성과 일관성 연구〉, 구강 재활의학협회, 2013년

21. 입천장을 자극하면 자연스럽게 삼키는 반사작용이 일어난다. 입천장반사 또는 구개반사라고 부르며 음식물이 기도로 넘어가지 않게 도와준다.

생후 6~8개월 무렵

생후 9~11개월 무렵

생후 18개월 무렵

41

배변활동의 변화

아이주도이유식을 시작하면 아이의 대변이 점점 덩어리 형태로 변할 거예요. 이건 아이가 음식으로부터 얻을 수 있는 영양분을 제대로 잘 흡수했다는 증거입니다.

퓌레나 졸인 음식을 먹은 아이의 경우 비교적 더 묽은 편입니다. 하지만 대변만으로는 아이가 얼마나 많은 영양분을 흡수했는지를 알 수 없습니다. 또, 아이가 많은 양의 음식을 먹는다고 해서 영양분을 더 많이 얻는 건 아니에요.

아이주도이유식을 시작하면서 변비가 생기는 아이들도 있습니다. 그런 아이는 식사를 할 때 물이나 모유 또는 분유 등 수분을 더 많이 챙겨주어야 합니다. 또한 다양한 색깔을 가진 섬유소가 풍부한 음식을 많이 먹이는 것이 좋습니다. 변비가 심하다고 느낄 때에는 흰색과 갈색 음식을 줄여보세요. 편식을 예방하고 배변문제를 해결하는 데 도움이 될 거예요.

4 아이주도이유식은 정말 안전할까?

보호자들은 대부분 처음 아이주도이유식을 시작하면서 아이가 질식할지도 모른다는 걱정 때문에 스트레스를 받을 거예요. 하지만 이런 스트레스는 아이주도이유식을 몇 주 정도 진행하다 보면 저절로 사라집니다.

음식을 삼키는 행동은 다음과 같은 세 가지 단계를 거쳐 진행됩니다.

- **구강 단계:** 입 안에 있는 음식물을 자르고 침으로 적신 뒤 혀를 이용해 목구멍 쪽으로 보냅니다. 이 단계는 아이의 자발적 행동입니다.

- **인두(咽頭) 단계:** 목구멍을 지난 음식이 식도를 따라

통과하는 단계로, 여기서부터는 아이의 의지와 상관없는 신체의 반사작용입니다.

- **식도 단계:** 음식을 위까지 내려 보내는 것으로 이 단계 또한 반사작용입니다.

어린이집 선생님 마르조리의 이야기

"어린이집 교사로서 제가 가장 우선적으로 생각하는 것은 아이의 안전과 전반적인 발달과정입니다.

몇 년 동안 문제없이 잘만 해오던 이유식 방법이 통하지 않았던 적이 있어요. 알고 있는 모든 방법을 써봤죠. 채소로 만든 숟가락을 주기도 하고 다른 재질의 포크를 사용해 보기도 했어요. 음식 문제인가 싶어 매끄럽게 갈아 만든 이유식을 주거나, 과립으로 된 식사를 준비해 보기도 했습니다. 부모에게도, 아이에게도, 육아전문가인 저 자신에게도 매우 힘든 순간들이었어요.

그러던 차에 원장님으로부터 아이주도이유식에 대해 듣게 되었습니다. 처음에는 저도 좀 회의적이었어요. 특히 안전 문제가 마음에 걸렸죠. 아이가 질식할지도 모른다는 생각 때문이었습니다. 하지만 지금까지 해오던 방식보다 아이주도이유식의 원칙이 제가 지향하던 교육관과 더 가깝다는 생각이 들었어요.

그래서 저는 부모님의 동의를 받아 아이에게 아이주도이유식을 시도해 보았습니다. 솔직히 아이의 신체능력에 깜짝 놀랐습니다. 아이는 꽤 정확한 손짓으로 식사를 했어요. 정교하게 음식을 잡을 줄 알고 있었죠. 씹는 힘 또한 놀라웠습니다. 퓌레를 먹을 때는 그냥 꿀꺽 삼키던 아이였는데, 아직 이도 나지 않은 잇몸으로 음식을 씹기 시작하니 놀라지 않을 수 없었죠.

질식 위험에 대해서는 걱정을 많이 했지만 아이 스스로 혀를 이용해 잘 씹고, 삼켜지지 않거나 방해되는 조각은 입 밖으로 뱉어내더라고요. 그래도 꼭 보호자가 옆에서 지켜봐야 하죠. 아이를 믿고 스스로 할 수 있다는 자신감을 심어주면 결국 아이는 스스로 해결책을 찾아낼 거예요.

저는 아이주도이유식이 보호자에게도 훨씬 편한 방법이라고 생각해요. 아이는 스트레스 대신 성취감과 만족감을 얻을 수 있으니 식사 시간은 더욱 더 친근하고 평화로워지죠."

아이주도이유식 초기에는 모유나 분유보다 고형식을 먼저 주는 것이 좋습니다. 액체로 된 모유나 분유를 먹고 나서 고형식을 먹으면 도중에 헛구역질이 반사작용으로 나타날 수 있기 때문이에요.

구토반사

음식물을 입 안에 집어넣었을 때 아이는 헛구역질을 하거나 실제로 토를 할 때도 있습니다. 이건 질식하지 않기 위해 보이는 반사적인 신체반응이에요. 아이는 위와 식도 사이를 조이는 근육이 덜 발달되어 음식물이 쉽게 역류합니다. 그렇게 역류한 토가 기도로 넘어갈 수도 있기 때문에 수유를 한 후에는 적절한 트림을 시켜주어야 하는 거죠.

호흡곤란의 대처법과 예방법

만약 삼킨 음식이 식도가 아닌 기도로 넘어가 완전히 막혀버리면 아이는 숨을 쉴 수가 없는 호흡곤란의 상태가 될 겁니다.

증상과 월령별 하임리히법

퀘벡의 국립공중보건연구소는 〈임신부터 두 돌까지 아이와 지내는 방법〉[22]이라는 논문에서 다음과 같이 말하고 있습니다.

기침 소리가 거칠거나 웅얼거리는 소리를 낼 때

- 우선 아이 곁을 지키며 관찰합니다. 순간적으로 음식이 아이의 기도로 들어갈 때가 있는데, 아이가 기침할 때는 아이 몸이 잘못 넘어간 음식물을 스스로 빼내려는 것이니 개입하지 말고 놔둡니다. 하지만 호흡이 불안정하다면 119 안전신고센터에 신고합니다.

호흡을 못 하거나 소리 내지 못할 때

- 주변에 큰 소리로 도움을 요청하고 바로 119 안전신고센터에 신고해야 합니다.

- 아이의 개월 수에 맞는 대처 방법을 시작합니다. 돌이 지나지 않은 아이와 지난 아이에 대한 응급조치는 다릅니다. 구급대가 도착하기 전까지 119 안전신고센터 측에서 알려주는 지시대로 침착하게 행동합니다.

개월 수에 따른 두 가지 대처법[23]

생후 12개월 미만   생후 12개월 이상

안전한 아이주도이유식을 위한 위험예방법

- 아이를 무릎에 앉히고 한 팔로 부드럽게 아이의 몸통을 감싸 안은 채로 먹입니다. 조금 더 자라면 유아용 식탁의자에 앉혀주셔도 돼요. 그럼 아이의 하반신은 튼튼한 판이나 어른의 몸이 안전하게 받쳐주고, 상반신은 자유롭게 움직일 수 있죠.

---

22. 24쪽 각주 10번 참고

23. 행정안전부 유튜브 채널 '안전한 TV'

- 그 어떤 경우에도 절대로 눕힌 상태에서 먹이지 마세요!

- 아이는 눈앞에 있는 음식이 먹고 싶으면 입으로 가져가려고 할 거예요. 그러니 부모가 먹이고 싶은 음식을 억지로 주지는 마세요.

- 씹고, 삼키고 숨을 뱉는 등 자신만의 식사 리듬을 익힐 수 있도록 해주세요. 혼자서 음식을 씹어 삼키는 과정이 많이 느릴지라도 여유를 갖고 지켜봐 주세요.

- 개월 수에 맞는 음식을 준비해 주세요. 처음부터 갈아 만든 음식과 덩어리 음식을 섞어서 함께 주면 음식을 씹고 액체를 넘기는 행동과 호흡하는 사이에 혼란이 생길 수 있습니다. 그러면 음식물이 기도로 들어갈 위험이 더 커집니다.

- 호두나 헤이즐넛 같은 음식은 훨씬 더 나중에 주는 것이 좋습니다. 올리브는 씨를 제거하고 토마토나 포도처럼 목에 걸리기 쉬운 형태는 반으로 잘라서 줍니다.

- 보호자는 아이가 식사를 다 할 때까지 옆에서 지켜봐야 합니다.

- 아이는 확실히 잠이 깬 상태로 조용한 분위기에서 식사해야 합니다. 큰소리에 아이가 놀랄 만한 상황이 없도록 해주세요.

- 아이를 돌봐줄 사람들에게 미리 아이주도이유식의 방법과 수칙에 대해 설명해 놓아야 합니다.

5 아이주도이유식으로 식탁을 건강하게!

조금만 지나면 아이는 부모가 먹는 음식을 대부분 다 먹을 수 있습니다. 아이의 식단을 별도로 차리지 않고, 같은 음식을 먹는다면 시간과 에너지가 모두 절약되겠죠. 그러므로 이번 기회에 보호자들의 평소 식습관을 다시 체크해 보는 것이 좋습니다.

식사 계획 세우고 일주일 치 식단 짜기

저녁에는 아이도 피로를 느낍니다. 하물며 일하고 집에 돌아와서 요리까지 해야 하는 부모는 더욱 힘들겠죠. 하지만 어차피 넘어야 할 산이니 조금 덜 힘든 방법을 준비했어요! 그중 하나가 바로 식단을 짜는 일입니다. 일주일 치 식단의 틀을 미리 짜두면 시간도 벌고 빠지는 영양소 없이 골고루 챙길 수 있습니다.

식사 계획을 세운다는 것은 기본적으로 일주일 혹은 그 이상의 식단을 짜는 것을 말합니다. 이 책에서 제안하는 식단은 프랑스영양건강계획의 권고사항을 바탕으로 관련 서적들을 참고하였으며 저의 개인적, 전문적 경험도 반영해 구성한 것입니다. 오늘날에는 여러 가지 다양한 식이요법이 존재하고 유행을 타듯 추천하는 종류도 꾸준히 변하고 있습니다. 그러다 보니 거기서 한 가지를 선택하기란 매우 어려운 일이에요.

하지만 가족들의 취향에 맞는 식단을 미리 짜두면 균형 잡힌 영양소를 섭취하는 데 도움이 됩니다. 식단표를 보며 우리 가족에게 부족했던 영양소를 확인할 수도 있고, 매일 비슷한 것만 먹어서 질릴 위험도 줄어들죠.

물론 계획을 세우고 식단을 구성했다고 해서 일주일 내내 그 식단을 그대로 따라야 할 필요는 없습니다. 그래도 한번 짜두면 필요할 때 유용하게 써먹을 수 있으니 무엇보다 마음이 든든할 거예요. 부모로서 더 잘 할 수 있다는 용기와 자신감도 얻게 됩니다.

어린이집에서도 마찬가지로 식단을 구성하고 양질의 식재료를 준비하는 것이 중요합니다. 실제로 보육시설에서는 대부분 정기적으로 식단을 짜서 영양균형을 맞추고 있어요.

영양사 로르 귀티에레의 이야기

"식단은 하루, 일주일, 더 나아가 한 달 동안 영양소가 골고루 함유된 식사를 하기 위한 뼈대라고 할 수 있습니다. 식단은 미리 짜놓지만 이를 바탕으로 그날그날 새롭게 구성할 수도 있어요. 매주 새로운 음식을 식단에 집어넣으면 새로운 맛을 발견하는 즐거움도 느낄 수 있겠죠. 식단을 짜면 음식의 종류와 빈도수를 다양하게 구성할 수 있어, 영양소를 효율적으로 섭취할 수 있죠. 이런 생활패턴은 건강을 지키는 데에도 도움이 됩니다."

균형 잡힌 식사를 위한 일주일 치 식단 제안

식사	월요일	화요일	수요일	목요일	금요일	토요일	일요일
아침	유제품 곡물 과일	유제품 곡물 과일	유제품 곡물 과일	유제품 곡물 과일	유제품 곡물 과일	유제품 곡물 과일	유제품 곡물 과일
점심	생채소 생선 곡물 콩류 과일	생채소 가금류 곡물 익힌 채소 과일	생채소 달걀 곡물 콩류 과일	생채소 고기 곡물 콩류 과일	생채소 콩류 곡물 익힌 채소 과일	생채소 생선 곡물 익힌 채소 과일	생채소 달걀 곡물 콩류 과일
간식	빵 과일	곡물 과일	빵 과일	곡물 과일	빵 과일	곡물 과일	빵 과일
저녁	국류 곡물 유제품	국류 곡물 유제품	곡물 나물류 유제품	곡물 나물류 유제품	국류 콩류 유제품	국류 콩류 유제품	곡물 나물류 유제품

프랑스영양건강계획의 추가 정보

출처 : www.mangerbouger.fr

현지에서 나는 제철 과일과 채소를, 그것도 되도록 유기농으로 매번 챙겨먹는 것도 그렇게 쉬운 일은 아니지만 식단을 지키려고 노력하다 보면 어느새 건강한 식탁이 익숙해질 거예요.

아이에게 밥을 줄 때는 개월 수에 따라 곡류를 골라야 합니다. 초기 이유식 단계에서 쌀, 찹쌀은 아이가 소화를 잘 할 수 있지만 현미, 보리, 수수는 생후 6개월 이후부터 섭취가 가능해요. 흑미는 생후 9개월, 팥과 율무 등은 첫 돌이 지나고 나서부터 주는 것이 좋습니다. 혼합 잡곡은 되도록 두 돌 이후부터 먹게끔 해주세요.

음식 종류에 따른 영양지표

물
마시고
싶을 때마다

간단한 운동
최소 30분씩
하루에 한 번
혹은 여러 번

곡물류
식욕에 따라
매끼

과일과 채소
적어도 하루에
다섯 번

유제품
하루
세 번

고기, 생선, 달걀
하루
한두 번

지방

당류

소금

제한적으로 섭취

식단에 도움이 되는 제철 과일

과일	1월	2월	3월	4월	5월	6월	7월	8월	9월	10월	11월	12월
수박							●	●				
귤	●	●								●	●	●
키위	●									●	●	●
멜론				●	●	●	●	●	●			
복숭아						●	●	●				
배									●	●	●	
사과	●	●								●	●	●
자두					●	●	●					
포도							●	●	●			
딸기		●	●	●	●							

※ 위 표와 53쪽의 표는 대표적인 품종을 기준으로 했습니다. 같은 과일과 채소라도 품종에 따라 제철에 차이가 있으니 참고해 주세요!

이 밖에도 아이들이 좋아하고 혼자서도 쉽게 집을 수 있는 블루베리, 앵두, 오디와 같은 작은 열매를 식단에 더 추가할 수 있습니다. 매일 먹이는 과일 가격이 부담스럽다면 작은 베란다 텃밭에서도 어렵지 않게 기를 수 있는 과일들을 참고해 보는 것도 좋아요.

참외나 바나나 그리고 연근, 상추 같이 이 표에 나오지 않았지만 영양이 풍부한 과일과 채소들도 있어요. 이제는 성분별로 식재료를 검색하기도 수월해졌으니 그 밖에 대체할 수 있는 재료도 한번 찾아보세요!

식단에 도움이 되는 제철 채소

채소	1월	2월	3월	4월	5월	6월	7월	8월	9월	10월	11월	12월
가지				●	●	●	●	●				
비트			●	●	●	●						
근대						●	●	●				
브로콜리										●	●	●
당근									●	●	●	
완두콩				●	●	●						
셀러리						●	●		●		●	
양배추			●	●	●	●						
콜리플라워	●	●	●							●	●	●
애호박			●	●	●	●	●	●	●	●		
꽃상추	●	●	●	●	●	●	●	●	●	●	●	●
시금치	●	●				●			●	●	●	●
고구마								●	●	●	●	●
순무								●	●	●		
양파							●		●			
파	●	●	●	●	●	●		●		●	●	●
고추						●	●	●	●	●		
감자						●	●	●	●	●		
단호박	●	●	●	●	●	●	●	●	●	●	●	●
양상추							●	●				
토마토							●	●	●			

식재료를 고를 때, 물론 화학비료를 사용하지 않고 키운 것이라면 더할 나위 없이 좋겠죠. 질산염과 살충제는 피부나 간에 암을 유발할 위험이 있고 갑상선호르몬의 불균형을 초래할 수 있습니다.

특히 과일과 채소를 신선한 상태 그대로 먹을 경우 일반 제품보다 유기농 제품에 더·많은 비타민 C와 항산화제가 함유되어 있어요. 유기농 우유는 다른 젖소보다 더 많은 풀을 먹은 젖소에서 얻은 우유이기 때문에 일반 우유보다 오메가3가 더 많이 함유되어 있죠. 유기농 제품을 살 때에는 인증 라벨을 확인하고 사야 안전합니다.

프랑스영양건강계획의 권고사항에 따르면 고기를 줄이고 곡물과 채소, 과일을 더 많이 먹는 것이 영양 면에서 더 좋습니다. 고기를 하루에 두 번 이상 먹으면 동물성 단백질을 너무 많이 섭취하게 되어 콩팥 같은 배설기관이 쉽게 피로해지고 손상될 수 있어요.

또한 고기보다는 두부 같은 콩류로 대체하면 경제적으로 도움이 되기도 합니다.

콩류도 식단에서 매우 중요한 부분을 차지합니다. 특히 조리한 렌틸콩, 병아리콩, 대두로 만든 두부, 깐 완두콩 등도 좋습니다. 브뤼노 쿠데르크와 질 다보, 다니엘 미슈리치, 카롤린 리오의 저서 《콩 맛을 아시나요?》[24]를 참고해 보면 많은 아이디어를 얻고 다양한 식단을 만드는 데 도움이 될 것입니다.

밀가루 외에 쌀이나 메밀, 옥수수 같이 글루텐이 함유되지 않은 곡물 요리도 시도해 보세요. 식단을 다양하게 만들고 식재료의 선택지도 넓힐 수 있을 거예요. 엠마 그라프는 자신의 책 《일주일 단위의 곡물 요리》[25]에서 여러 가지 곡물 요리법을 소개하고 있습니다.

24. 공중보건연구 전문대학(EHESP), 2014년
25. 세 가지 아치(Les trois arches), 1998년

생선 중에서는 고등어, 청어 그리고 꽁치는 가격도 저렴하면서 해양생물다양성[26] 보존에도 좋고 환경오염물질이 덜 들어있는 생선입니다.

가족의 일주일 치 식단을 짜면서 서로 의견을 표현하고 대화하는 기회로 만들어보세요. 식단을 구성할 때는 가족구성원 전체가 함께 모이는 시간을 가지는 것이 좋습니다. 식구들마다 각자의 생각과 입맛이 다르기 때문이죠. 각자의 취향을 존중하며 식사를 정하는 것은 모두를 가족이란 테두리 안으로 끌어들이는 즐거운 과정이 될 거예요.

아이에게 줄 식사는 가족 전체 식단에서 한두 가지의 음식만 빼거나 추가해서 주면 따로 식단을 짜거나 요리를 하지 않아도 된답니다.

아이 아빠 사무엘의 이야기

"휴대폰에 설치해 사용하기 유용한 애플리케이션 두 가지를 소개하려고 합니다. 아이에게 뭘 주어야 할지, 질 좋은 음식은 어떤 건지 알려주니 특히 초보 부모들에게 도움이 많이 될 거예요. 바로 '유카(Yuka)'와 '오픈 푸드 팩트(Open Food Facts)'인데요, 두 가지 앱 모두 바코드를 찍으면 음식의 구성 성분을 상세히 알려줍니다.[27]"

계절에 따라 달라지는 식단의 예

	겨울	여름
아침	빵 버터 사과	빵 버터 복숭아
점심	으깬 당근 샐러드 동태전 또는 명태전 단호박 그라탱 사과–배 조림	오이 샐러드 꽁치구이 껍질콩, 밥 살구 타르트
간식	우유 빵 포도	요구르트 멜론 빵
저녁	완두콩 수프 치즈	감자 그라탱 토마토, 애호박 자두

26. 바다에 서식하는 종 다양성, 유전자 다양성, 생태계 다양성을 통틀어 이르는 말
27. 식품의약품안전처의 '내손안(安) 식품안전정보'와 유사한 애플리케이션

가족 예산에 맞춰보기

클로드와 에마뉘엘 오베르는 공동 저서인 《150가지 유기농 요리법으로 하루 세끼 건강하게 먹기》[28]에서 유기농 식단의 예산에 대해 자세히 다루고 있습니다.

무슨 재료로 어떻게, 뭘 해먹을지 생각하며 좀 더 건강한 식사를 하기 위해서는 가족 모두에게 장기적인 계획이 필요합니다. 그런데 가끔 이런 식습관을 고치려고 할 때 선입견을 갖거나 거부감을 느끼는 사람도 있어요. 평소에 식재료를 사던 마트나 시장을 옮기고, 고기를 줄이고

채소의 양을 늘리는 것은 분명 바람직한 일이지만 모두에게 쉽지는 않죠.

가족이 변화할 준비가 되었나요? 그럼 이제 어떻게 하면 금액을 덜 쓰면서 더 잘 먹을까 질문해 볼 때예요. 가족 구성원 각자가 다양한 의견을 내보는 것부터 시작하세요. 요즘엔 가족들의 취향도 반영하면서 식습관을 건강하게 개선할 수 있는 여러 방법들도 많이 생겨나고 있답니다. 목표는 단순해요! 보다 오래, 가족 모두가 좀 더 건강한 식사를 하는 것이죠.

28. 살아있는 지구(Terre Vivante), 2009년

유기농 식재료 구하기

텃밭에서 직접 채소를 길러 먹는 것도 좋지만 사는 장소나 방식에 따라 현실적으로 불가능한 경우도 있습니다. 이럴 때는 공동텃밭이나 유기농 가게, 생산자직접판매, 농장직거래, 농업협동조합 등을 이용하는 것도 유기농 식재료에 접근할 수 있는 방법 중 하나예요. 지역공동체를 기반으로 생산·판매자들이 직접 운영하는 식료품점도 도시와 지방 모두 늘어나는 추세입니다. 이런 곳에서는 신선한 식재료를 좋은 가격에 판매하고 있어요.

도전! 아이주도이유식

"저는 아이들이 꽤 훌륭한 식단을 척척 내놓는 것에 늘 감탄하곤 합니다. 먹고 싶은 음식에 관해 아이 스스로 표현하게 하고 아이의 말을 들어주는 것은 중요합니다. 이는 앞으로의 식사 분위기에도 중요한 영향을 미치게 되죠. 이제 세 살이 된 플로어는 종종 빵과 당근스틱, 고기를 먹고 싶다고 하는데 이건 어른에게도 영양적으로 손색없이 균형 잡힌 식사 아닌가요?"

식재료를 고르는 가장 좋은 방법은 당연히 신선도를 확인하는 거죠. 특히 화학비료를 쓰지 않고 재배한 것, 생산지가 너무 멀지 않은 것이 좋습니다. 마트에서 판매되는 채소나 과일 중에는 유심히 살펴보면 시들어있거나 비타민이 거의 다 손실되어 있는 등 신선도가 많이 떨어지는 상품들도 있습니다.

간편한 식사준비를 위해 냉동식품에 의존하는 가정도 많습니다. 냉동식품은 시금치나 강낭콩, 생선 같이 잘 변형되지 않는 식재료를 이용하는 것이 좋습니다. 그리고 물론 생산지와 화학비료 사용 내역 등은 확인해 보아야겠죠.

통조림은 매우 제한적으로 사용하고 신선식품과 냉동식품을 먹는 규칙도 정해놓는 것이 바람직합니다. 통조림의 경우 원산지와 통조림의 성분, 유통기한도 잘 확인해야 합니다.

6 성공적인
아이주도이유식을 위해

처음에 어른의 품 안에 안겨 식사를 하던 아이는 점차 가족과 함께 식탁에서 자신만의 자리에 앉아 식사를 하게 됩니다. 이때 아이용 식사도구를 이용하면 훨씬 쉽게 식사할 수 있습니다.

보호자의 무릎에서 식탁으로

이유식 초기에 아이는 모유나 분유도 계속 먹으면서 어른의 무릎에 앉은 채로 적은 양의 음식을 먹게 됩니다. 아이를 식탁에 앉히는 방법은 두 가지입니다. 하나는 아이가 보호자와 마주 보고 앉는 방법, 다른 하나는 아이가 식탁에서 여러 사람을 쳐다보고 앉는 방법입니다.

아이는 자라면서 다른 사람들이 먹는 모습을 따라하며 식사하는 법을 배웁니다.

어린이집에서도 아이를 안은 채로 음식을 먹게 할 수 있습니다. 좀 더 지나면 선생님을 앞에 두고 두세 명의 다른 아이들과 함께 앉아 먹을 수 있게 되죠. 두 돌 무렵이 되면 더 많은 아이들과 함께 둘러앉아 음식을 먹을 수 있습니다. 이때 선생님은 좀 더 멀리서 이를 지켜봅니다. 식사 시간도 이처럼 단계를 거쳐 발전하는 모습을 보입니다.

하지만 식탁에 혼자 앉혀놓고 방치한 채로 음식을 먹게 하면 아이가 우울감을 느낄 수 있습니다. 물론 이건 어른도 마찬가지겠지만요.

숟가락 전에는
아이의 맨손가락

아이는 어떤 물건을 처음 마주할 때 손으로 그걸 집고 입에 넣어 살펴봅니다. 그래서 음식도 거리낌 없이 쉽게 입으로 가져가는 거예요. 아이가 숟가락을 익숙하게 사용하려면 어느 정도 시간이 필요하기 때문에 그전까지 아이는 손으로 음식을 먹습니다. 덕분에 아이의 식사 시간은 자연스럽게 손의 움직임과 촉감을 발달시키는 시간이 되죠. 수많은 연구를 통해 아이의 촉감놀이는 신체적으로나 심리적으로 아이의 성장발달에 매우 중요하다는 사실이 증명되었습니다.

비말라 맥클뤼르는 《아이 마사지》[29]라는 책에서 다음과 같이 말하고 있습니다. "촉감놀이는 영유아기의 성장발달에 단기적으로 그리고 장기적으로 큰 영향을 미칩니다. 신생아는 접촉을 통해 자신이 속한 세계를 배워가고, 또 부모와 유대감을 형성하며 욕구나 욕망에 관해 소통하기 시작합니다. 아이는 의사소통의 80퍼센트를 몸으로 표현하니까 신체운동과 촉감은 아이에겐 세상과 대화하기 위한 필수도구인 셈이죠."

아이를 위한 식사도구

유아용 식탁의자

아이주도이유식의 실행 초기에는 아이가 편안함을 느낄 수 있도록 안고 먹이거나 보호자 무릎에 앉히고 먹이는 것이 제일 좋습니다. 어린이집에서는 수유용 안락의자나 접시를 올려놓을 수 있는 받침이 딸린 유아용 의자를 두는 것도 도움이 됩니다.

아이가 혼자 앉을 수 있게 되면 유아용 식탁의자에 앉아서 식사를 할 수 있습니다. 아이를 대상으로 만든 의자에는 보통 발 받침대가 있어 몸을 안정적으로 받쳐주므로 아이가 식사에 집중하는 데 도움이 돼요. 팔은 탁자위에 놓고 쉽게 움직일 수 있도록 해주세요. 탈부착이 가능하다면 의자에 붙어있는 식탁은 뒤로 젖혀놓고 가족들의 식탁에 바로 붙어 앉게 합니다. 그래야 부모님이나 형제자매들과 함께 음식을 나눌 수 있어요.

식탁의자는 중고로도 쉽게 구매할 수 있고 나이에 맞게 높이를 조정해 사용할 수 있습니다. 초등학교 저학년인 아이도 쓸 수 있는 제품도 있답니다!

---

29. 상&추(Sand&Tchou), 2013년

식탁

예전에는 프랑스에서 쓰이던 식탁의 표준 높이가 76cm 였는데 평균 신장이 커지면서 지금은 86cm로 바뀌었습니다. 이렇듯 아이 의자의 높이도 가족이 사용하는 식탁의 높이에 맞게 조정해 주어야 하죠.

아이주도이유식을 시작할 때 가족이 다 함께 사용하는 식탁 위에 먹을 것을 놓아주는 부모들도 있고, 유아용 식탁의자에 붙어있는 식탁에 주는 부모들도 있어요. 요즘 어린이집에서는 아이가 첫 등원을 하면 우선 아이에게 먹을 것을 품에 안겨주고, 스스로 원하는 곳에 놓아두게 한다고 해요. 다 같이 사용하는 식탁이든, 각자 앉아서 식사하는 유아용 식탁의자든 아이에게 딱 맞는 제품을 사용해야 합니다. 팔을 자유롭게 움직일 수 있고 아이 발이 땅에 닿을 수 있는 제품이 좋습니다. 그리고 식사를 할 때 보호자 또는 선생님과 다른 아이들의 위치도 고려해야 합니다.

접시

시중에서 판매하는 아동용 식사도구는 다양한 색깔과 형태의 제품으로 넘쳐나죠! 그런데 어떤 접시를 선택하느냐에 따라 아이가 식사에 더 몰입하도록 만들 수도 있어요. 예를 들어, 푸른색 계열 접시에 주황색 당근을 놓는다고 생각해 보세요. 같은 주황색이나 빨간색 계열 접시에 놓여있을 때보다 당근이 더 잘 보이겠죠? 이렇게 접시의 색깔이 음식의 색깔과 형태를 극대화시킬 수 있다면 아이는 음식을 더 쉽게 인지할 수 있고 집중하게 되죠.

아이가 접시를 바닥에 떨어뜨릴 수도 있기 때문에 모든 음식을 한 접시에 담기 보다는 그때그때 조금씩 덜어주세요. 또, 바닥에 빨판이 달린 접시나 실리콘 식탁보를 사용하면 접시가 흔들리지 않도록 고정되니 청소가 훨씬 쉬워질 거예요.

컵

컵은 깨지지 않는 재질의 제품이라면 어떤 형태든 큰 상관이 없습니다. 부피가 큰 플라스틱 컵이나 젖병처럼 물 마시는 주둥이가 있는 컵 혹은 손잡이가 있는 작은 컵도 유용하죠. 아이의 발달단계에 따라 다양한 종류의 제품을 활용해 보세요.

턱받이

턱받이도 많은 유형의 제품이 있습니다. 닦기 쉽고 잘 휘어지는 실리콘 턱받이도 있고, 세탁할 수 있는 천 턱받이도 많이 쓰이고 있어요. 천 턱받이의 경우, 얼룩제거용 세제가 많이 필요할지도 몰라요!

도전! 아이주도이유식

"라파의 웹사이트, '살림꾼[30]과 관련 저서인 《살림꾼-환경 친화적인 집 청소 방법》[31]을 참고해 보세요. 옷이나 턱받이의 얼룩을 효과적으로 제거하면서 환경도 지키는 방법이 많이 나와있습니다."

30. http://raffa.grandmenage.info/
31. 솔리플로르(Soliflor), 2009년

식기

음식을 먹을 때 손은 유용한 도구가 됩니다. 하지만 자신의 몸을 더 정교하게 움직이기 위해선 손과 시각을 동시에 사용할 수 있어야 합니다. 사실 숟가락을 조작하는 것은 아이에게 꽤나 복잡한 동작이에요. 음식을 먹으려면 자유자재로 숟가락을 움직일 수 있어야 하고, 자신의 몸과 숟가락과의 거리감도 제어해야 하죠. 무엇보다 숟가락을 사용해 음식을 먹으려면 우선 '숟가락을 사용하려는 마음'부터 생겨야 하겠지만요.

하지만 보호자가 약간만 도와준다면 아이는 매우 이른 시기부터 숟가락을 사용할 수도 있습니다. 보호자가 숟가락에 음식을 퍼놓으면 아이가 그 숟가락을 자기 입으로 가져가는 방식으로 말이죠. 아이 입장에서 숟가락으로 음식을 뜨려면 손목 관절을 써야 되기 때문에 익숙해지는 데 시간이 걸립니다. 숟가락을 스스로 사용하는 건 거의 돌 무렵이 다 되어서야 가능하고, 초기에는 간헐적으로만 사용할 수 있습니다. 가장자리가 높은 접시를 주면 테두리를 이용해 음식을 담을 수 있어서, 아이가 숟가락을 사용하기가 훨씬 쉽겠죠.

플라스틱 숟가락과 실리콘 숟가락은 여러 크기를 다양하게 실험해 볼 필요까지는 없다고 생각해요. 숟가락의 경우, 이것저것 골라서 식탁 위에 두는 것보다는 선택의 폭을 단순하게 만드는 쪽이 좋습니다.

포크는 손잡이가 짧은 것이 음식을 찍기 좋고 조작하는 재미도 있습니다.

냅킨 또는 비닐

아이주도이유식을 막 시작할 무렵엔 아이가 흘린 음식으로 식탁과 바닥이 더러워질 수 있어요. 그때그때 닦아낼 냅킨을 준비해 주시면 청소가 수월해질 거예요. 쉽게 청소하기 위해 아예 바닥에 비닐을 깔아두는 분들도 있습니다. 아이는 금방 먹는 요령을 익힌다지만, 청소하는 사람 입장에선 그 기간이 길게 느껴질 수도 있으니까요.

이유식마스터기

이유식마스터기는 한쪽에는 믹서기, 다른 한쪽에는 찜기가 함께 붙어있는 기계를 말해요. 여러 브랜드 제품이 시중에 나와있고 중고로도 쉽게 구매할 수 있습니다. 이유식마스터기를 사용하면 아이가 먹기 편하게끔 재료를 적당한 온도와 부드러운 식감으로 준비할 수 있어요. 특히 미리 준비해서 냉동시켜 놓았던 음식을 데울 때 사용하면 좋습니다. 음식을 찌고 다듬는 것이 간편하니 식사를 준비하는 시간도 단축시킬 수 있죠.

이유식을 준비하는 것은 가정마다 다릅니다. 아이에 따라서 어떤 집은 보호자 음식을 그대로 줄 수도 있고, 어떤 집은 따로 더 조리하기도 합니다. 이 책의 맨 끝부분에 계절별 조리법 예시를 실어놓았으니 참고해 보세요!

밀폐용기

식사를 준비하거나 남은 음식을 신선한 상태 그대로 냉동하는 데 쓰는 밀폐용기는 크기별로 여러 개 준비해 놓으면 정말 유용합니다. 어린이집 선생님에게 만들어놓은 음식을 전달하기도 편하고, 꺼내 먹이기도 편하니까요.

보호자와 어린이집 선생님의 여벌옷

보호자의 옷을 하나도 더럽히지 않으면서 아이의 자율성을 키워준다는 건 쉽지 않은 일이에요. 이럴 때 필요한 건 유비무환! 무엇이든 미리미리 챙겨놓으면 언제나 도움이 됩니다. 어린이집 선생님이라면 앞치마와 겉옷 그리고 퇴근하고 갈아입을 여벌옷을 준비하세요. 그러면 밖으로 나설 때 항상 '음식 얼룩 없는' 깨끗한 옷 상태를 유지할 수 있습니다.

식사 후 아이는 어떻게 씻겨야 할까?

집에서든 어린이집에서든 작은 사각 스펀지나 가제 수건을 살짝 적셔 준비하면 보호자도 아이도 편합니다. 식사를 다 한 후에 간단하게 입가와 손을 닦아주기만 하면 되니, 아이를 오래 기다리게 하지 않고 바로 안아줄 수도 있고 바닥에 내려놓을 수도 있죠.

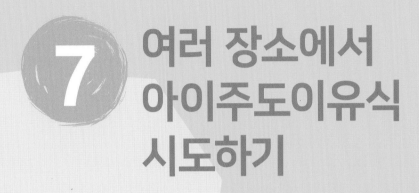

7 여러 장소에서 아이주도이유식 시도하기

아이는 여러 다른 상황에서 식사를 할 수 있습니다. 보호자들과 함께 할 수도 있고 다른 아이들과 함께 할 수도 있습니다. 누구와 함께 하든 다른 사람과의 식사는 발견과 학습, 즐거움의 기회가 됩니다.

집에서

아이는 부모나 형제자매 같은 주변 사람들의 행동을 따라하면서 여러 가지를 배웁니다. 가족과 함께 식탁에 둘러 앉아 음식을 먹으면서 자연스럽게 자신도 식사에 참여하고 싶어 하죠. 신경과학에 관한 연구에서 카트린 게구앙은 거울신경세포의 중요성에 대해 보여줍니다.

"아이들은 거울신경세포로 인해 다른 사람의 태도나 제스처를 배우고 따라하려고 합니다.[32]" 또 다른 신경과학 분야의 권위자인 라마찬드란 교수는 이걸 '공감세포'라고 부릅니다. 이 신경세포는 모방을 통해 학습할 때는 물론이고 타인의 감정에 공감할 때도 활성화됩니다.

아이 엄마 베랑제르 빌라르의 이야기

"약 10년 전, 처음 임신 사실을 알게 되면서부터 저의 모험은 시작되었죠!

가뱅을 임신한 저는 앞으로 태어날 이 아이에게 좋은 엄마가 되고 싶었고 세상에서 가장 좋은 것만 주고 싶었습니다. 그래서 끊임없이 새로운 것을 배우고 창의적인 방법을 생각해 내려고 했습니다. 우리는 가뱅이 태어나면서부터 모든 것을 아이의 생활리듬과 발달단계에 맞춰 나갔습니다.

그러다 생후 7개월이 되자 이유식 문제에 직면하게 되었죠. 아이주도이유식에 관한 책은 많이 읽었지만 당시에는 이유식 자체가 낯설어 부드럽게 갈아 만든 퓌레만 먹이고 있었어요. 하지만 얼마 지나지 않아 우리 집 식탁에 가히 혁명이라 할 만한 대대적인 변화를 일으켰어요. 우선은 유기농 식재료와 현지에서 나는 제철 음식들로 식탁을 채웠죠. 그리고 최대한 집밥을 먹으려 노력했어요. 그때부터 음식을 대하는 우리 자세는 획기적으로 변했습니다. 특히 과식을 하지 않게 되었죠.

우리는 '포만감이 들면 멈춘다'라는 식사규칙을 세웠습니다. 그래서 더 먹고 싶은 마음이 들 때도 절제할 수 있었어요. 가뱅 덕분에 우리의 지나친 식욕을 되돌아보았고 '적당히 먹는다'는 개념을 실천하기 시작했습니다. 우리에게는 신세계나 다름없었어요.

$\longrightarrow$

32. 카트린 게구앙, 《행복한 어린 시절을 위하여: 뇌에 관한 최근 발견에 비추어 본 교육의 재고찰》, 포켓(Pocket), 2015년

그동안 쌓은 경험과 변화 과정을 바탕으로 둘째 아이 니노에게는 작년부터 자연스럽게 아이주도이유식을 시행하고 있습니다. 우리에게는 일종의 확신이 있었습니다. 위험한 상황을 피하기 위해 아이주도이유식의 많은 것을 공부했죠. 하지만 저희가 배운 것 가운데 가장 인상적이었던 건 자율성을 통해 아이들이 스스로 자신의 대단한 능력을 알게 된다는 지점이었어요. 한두 끼 시도해 본 것만으로도 아이주도이유식에 대해 확신을 갖기에 충분했습니다. 아이에게도 저희에게도 마찬가지였어요. 가뱅도 니노의 오빠로서 도움을 주었습니다. 결과는 놀라웠습니다. 얼마나 큰 자유를 느꼈는지 몰라요!

구체적으로 말하자면 니노는 저희와 함께 있는 시간을 매우 즐거워했습니다. 식사를 준비하고 차리는 동안은 포대기에 안겨있었고, 가족들이 식사하는 동안에는 우리 무릎에 앉아있거나 수유를 했습니다.

저희는 아이주도이유식을 시작하면서 천을 씌워 만든 호기심 바구니를 잘 활용했어요. 딸랑이, 고무 인형, 아이용 식기, 컵, 장난감 과일과 채소 등을 준비했죠. 아이의 인지능력이 발달할수록 호기심은 나날이 커져갔습니다. 그래서 우리는 바구니에 깨끗이 씻은 유기농 당근과 오이, 사과를 넣기 시작했어요. 이가 나면서부터는 맛도 잘 느낄 수 있게 되었는지 음식을 먹으며 눈을 빛냈습니다. 그 모습은 저희에게도 큰 기쁨이었어요.

어느 순간부터 아이는 품에 안긴 채로, 우리 접시에 놓인 음식을 집어먹기 시작했습니다. 처음엔 음식을 자기 손에 묻혀 핥다가 나중에는 엄지와 검지로 음식을 집어 입으로 가져갔죠. 그리곤 잇몸으로 음식을 씹고 삼키는 거예요. 정말 놀라웠어요. 처음 헛구역질을 했을 때도 우리는 겁먹지 않고 아이가 가진 능력을 믿기로 했습니다.

다음 단계는 니노가 우리와 함께 식탁에 둘러앉을 수 있도록 상판이 달려 있지 않은 유아용 식탁의자에 도전하는 거였죠. 함께 하는 식사 시간은 행복했습니다. 니노는 우리가 먹는 모습을 보고 따라했어요. 컵으로 물을 마시고, 아이용 숟가락과 포크, 나이프도 사용했습니다. 니노는 먹을 음식을 고를 때도 거울효과를 보였어요. 우리의 접시와 자기 접시를 비교하더니 자기에게 없는 것이 있으면 맛을 보고 싶어 했어요.

아이주도이유식은 인내심과 융통성을 배우는 시간이기도 합니다. 니노는 종종 다양한 음식을 이것저것 많이 먹었다가, 어느 날은 한 음식만 깨작깨작 먹기를 반복했습니다. 음식 선택에 있어 아이를 믿기로 했으니 음식의 양에 있어서도 아이를 믿고, 우리는 음식을 제안하는 역할만 하기로 했어요. 식사 시간의 긍정적인 분위기는 모두에게 즐거움을 주었고 음식의 새로운 맛을 발견하는 데도 도움이 됩니다.

우리는 손짓과 몸짓을 섞어가며 '배고파? 목말라?', '바나나 먹을래, 물 마실래?', '다 먹었니? 더 줄까?', '맛있어?' 같은 대화를 통해 아이의 욕구와 필요한 점을 알아내려고 노력했습니다. 이제 우리는 아이주도이유식을 통해 얻은 온전한 자유를 만끽하고 있습니다. 아이주도이유식은 보호자와 아이가 식사를 가장 편안하게 할 수 있는 방법입니다."

어린이집에서

두 돌 무렵에 아이의 식습관을 정착시키는 데 거울효과를 사용할 수 있습니다. 다음은 샤를로트 뒤샤르므와 카미유 보몽의 '아이를 행복하게 만드는 쿨한 부모'라는 블로그에 게재된 내용입니다.

"저희는 꼭 모든 아이가 다른 아이를 마주 보고 앉게끔 해요. 왜 그렇게 할까요? 〈신경과학적 측면에서 우리는 아이에게 어떤 영향을 미칠까?〉라는 기사에서 말한 대로, 거울신경세포를 자극하기 위해서입니다. 아이는 모방을 통해 많은 것을 합니다. 무언가를 따라 해서 배우는 것을 좋아하죠. 마치 다른 아이가 유모차를 타고 놀고 있으면 바로 자기도 타겠다고 하는 거랑 같아요. 한번 타면 두 시간 동안은 내려오려고 하질 않죠. 마찬가지로 다른 아이들과 같은 식탁에 앉아서 함께 음식을 먹으면 더 잘 먹습니다. 바로 맞은편에 앉은 친구가 음식을 맛있게 먹고 있으면 자기도 먹고 싶어지는 거예요.[33]"

33. 블로그 '어린이집에서 아이들에게 음식을 먹게 하는 7가지 비법', 2017년
(www.coolparentsmakehappykids.com/7-secrets-faire-manger-nos-enfants)

식당 또는 야외에서

식당에서는 음식이 빨리 나오지 않으면 아이가 보채기도 합니다. 그런 상황에 대비해 아이가 잘 먹는 음식을 가져가면 좋습니다. 식당 음식이 아이에게 적합하지 않을 때에도 모유 또는 분유와 빵을 준비해 가면 도움이 되죠. 아이를 식당에 데려가는 것을 좋아하는 부모들도 있지만 이런 이유들로 데려가지 않는 부모들도 있습니다. 어느 쪽이든 아이에겐 모두 괜찮습니다.

소풍 도시락을 준비할 때는 좀 더 창의성을 발휘해야 해요. 밖에서는 조금 더 먹기 쉬운 음식이어야 아이도 보호자도 편하기 때문입니다. 이럴 때는 꼭 영양학적 균형이나 규칙을 지키지 않아도 됩니다. 가끔씩 의자가 아닌 바닥에서 아이와 함께 식사하면 아이도 음식을 훨씬 더 잘 먹을 수 있다고 말하는 보호자도 있었어요.

아이 엄마 모르간의 이야기

"아이와 함께 소풍을 가서 음식을 먹는 것은 평소에 하던 식사와는 확실히 다릅니다. 생각보다 별로 복잡하지 않을 수도 있어요. 아이는 아직 과자 같은 것이 없어도 토마토나 오이 등 신선한 채소나 과일, 삶은 달걀, 닭고기만으로도 충분합니다. 평소 식사하던 곳이 아닌 새로운 장소에서, 식탁과 의자 없이 아들과 바닥에 앉아 음식을 먹으니 정말 좋더군요."

8

아이의
발달단계에 맞는
음식 찾기

한 번에 너무 많은 음식을 주지 않는 것이 중요합니다. 아이가 다 먹고 더 요구하면 그때 더 주세요.

아이의 나이와 상관없이 음식은 단조롭지 않고 다양하게 준비하는 것이 좋습니다. 똑같이 삶은 음식이라도 재료가 다양하면 훨씬 더 흥미로워할 거예요. 또 익히지 않고 생으로 먹거나, 데치고, 볶는 등 다양한 방법으로 조리하는 것도 아이주도이유식의 초기부터 시도하기에 좋은 방법입니다.

아이에게 딱 맞는 식감

음식의 식감은 세 단계로 시도해 보고 나서 기준을 세우는 것이 좋습니다. 중요한 것은 아이를 잘 관찰하는 일입니다. 아이가 무엇을 할 수 있는지, 뭘 하고 싶어 하는지, 뭘 좋아하는지 잘 지켜보고 그에 따라 식감에 변화를 주세요.

식감 변화 3단계

1단계

"생후 6~10개월 때 당근의 식감을 맛본 경험이 있는 아이가 생후 12개월쯤에도 당근을 잘 먹는다는 최근 연구 결과가 있었습니다. 아이가 어떤 음식을 처음 맛보는 시기가 늦어질수록 이후에 그런 식감의 음식을 거부할 위험이 높습니다." 보리스 시루닉과 로랑 라모는 《어린이집 가기》[34]라는 저서에서 이렇게 밝히고 있어요.

처음 시작할 때는 아이에게 맞는 물렁한 음식이 좋겠죠. 아이가 그런 식감의 음식을 먹을 수 있을지 의심이 든다면 아이가 입술로 으깰 수 있는지 물렁한 정도를 살짝 테스트해 보세요.

음식이 너무 묽으면 아이용 시리얼이나 달걀을 넣어 걸쭉하게 만들어줍니다. 이렇게 하면 총열량을 높이는 효과도 있어요. 예를 들어 고기나 생선은 채소나 밀가루, 전분과 섞어 미트볼처럼 빚을 수도 있습니다.

한편 아이에게 맞는 식감과 모양으로 가족들이 먹는 음식을 함께 나눠 먹는 방법도 생각해 볼 수 있어요. 예를 들면 수프에 넣는 채소는 따로 익혀서 막대나 조각 모양으로 잘라놓는 거예요. 그러면 각자 취향에 따라 자기의 수프 그릇에 넣을 수 있죠. 아이는 작은 컵에 담아주면 됩니다.

사실 아이는 단지 배가 고파서 음식을 먹는 건 아닙니다. 처음에는 호기심에서, 맛이나 식감을 발견하는 즐거움에서 음식을 먹습니다. 아이는 자신의 손과 입을 가지고 탐험을 하기 때문에 자연스럽게 먹는 행위로 이어지는 거죠. 그래서 이유식 단계에서 모유나 분유를 함께 주면 부족한 열량도 채우고 영양의 질도 맞출 수 있습니다.

34. 필립 뒤발(Philippe Duval), 2012년

2단계

생후 약 8개월 무렵이 되어야 아이는 '배고픔과 음식의 연관성'을 발견하게 됩니다.[35]

어떤 식감의 음식을 먹을 수 있는지는 아이의 신체능력에 따라 달라집니다. 아이는 자라면서 점점 손재주도 좋아져 자기 앞에 놓인 음식을 더 능숙하게 집을 수 있습니다. 먹는 행위가 쉬워지면 자연스럽게 식사에 더 집중하고 흥미를 갖게 됩니다. 보호자가 숟가락에 음식을 떠서 아이에게 건네주는 것은 괜찮지만 그것을 떠먹여 주는 것은 바람직하지 않습니다. 아이가 숟가락을 직접 잡게 하는 것이 중요합니다. 자꾸 입 안에 숟가락을 넣어주면 혼자 먹는 능력이 줄어들고 식사 때마다 보호자에게 의존하게 됩니다. 그렇게 되면 전체 식습관에도 영향을 미칠 수 있습니다.

3단계

돌 무렵이나 그 이후부터는 고형식이 아이가 먹는 음식의 3분의 2를 차지하도록 해주세요. 다시금 강조하지만, 모유나 분유는 여전히 이 시기의 아이에게 중요한 음식입니다.

어린이집에서나 친척집에 잠시 맡길 때, 혹은 부모가 집에 없을 때에는 아이를 팔로 감싸 안고 먹이면 보호자와 아이 사이에 더 큰 유대감이 생기죠.

이 무렵에 아이는 컵에 담긴 물을 스스로 마실 수 있고 혼자서 숟가락을 사용하거나 보호자가 포크에 찍어준 음식을 먹기 시작합니다.

---

35. 질 래플리와 트레이시 머켓, 《아이주도 이유식: 밥 잘 먹는 아이로 만드는 특별한 비법》, 한빛라이프, 2014년

도전! 아이주도이유식

"저는 아이주도이유식의 방법을 모르는 부모와 전문가들을 많이 봐왔습니다. 그들은 아이가 질식하지는 않을까, 음식을 충분히 먹지 못하는 것은 아닐까 하고 걱정합니다. 또는 아이주도이유식을 한다고 하면서 특정 몇 가지 이유식만을 만들어 먹이거나 숟가락에 음식을 담아 아이 입에 넣어주기도 합니다. 이렇게 하면 아이 스스로 해내는 능력을 키우는 데 방해가 되는 것은 맞지만, 육아의 방식을 정한다는 건 어느 정도 융통성이 필요한 일이죠. 천천히 하나씩 시도하는 걸로 충분합니다."

아이에게 다양한 식감을 경험시켜 주면 눈과 손, 입을 종합적으로 사용하는 능력을 발달시킬 수 있습니다. 또 입 안에서도 잇몸과 혀를 사용해 맛을 보거나 뱉고 으깨어, 끝내 삼키는 법을 배우는 데 도움이 됩니다.
이런 다양한 요리 구성과 다채로운 식감의 음식들은 전체 가족의 식단에도 적용하면 좋겠죠?

호기심을 자극하는 색깔

가족들의 식탁이 다채로워지면, 아이가 먹게 될 음식들도 동시에 다채로워집니다. 음식이 알록달록한 색깔을 띠고 있으면 아이는 시각적 자극에 더 호기심이 생겨 맛을 보고 싶어 해요. 하지만 어떤 아이들은 식사 한 번에 한 가지 음식만 먹기도 하죠. 그런 아이는 하루나 일주일 단위로 다양한 색깔의 음식을 준비해 주면 좋습니다.

인지능력을 키우는 냄새

중세 유럽의 대표 스콜라 철학자인 토마스 아퀴나스는 "정신과 인식의 원천은 감각이며, 어떤 지능보다도 감각이 먼저다"라고 말했습니다. 맞습니다! 음식을 놓고 일어나는 모든 감각의 자극은 식사를 거듭하면서 아이의 인지능력을 현저히 증가시키죠. 그런데 아이의 이유식에서 특히 후각의 중요성은 자주 잊히고는 해요.

아이는 모유나 분유의 냄새부터 시작해 점점 더 음식의 다양한 냄새를 경험하게 됩니다. 잘 숙성된 카망베르 치즈의 강한 냄새를 재밌어할 수도 있고 딸기처럼 좀 더 옅고 상큼한 냄새를 좋아할 수도 있습니다. 한번 아이에게 주는 샐러드에 고수를 살짝 넣거나 과일을 잘라줄 때 민트를 올려보세요. 아이가 식사를 하는 동안 더 강한 향을 느낄 수 있을 거예요.

맛을 구분할 수 있도록

갈거나 졸이지 않은 음식은 맛을 더 잘 식별할 수 있게 해줍니다. 그런데 조리법이 같아도 품종에 따라 같은 과일도 다 다른 맛을 냅니다. 아이는 여러 음식을 접하며 그 맛을 구분하는 방법도 함께 배워갑니다. 신맛과 쓴맛도 곧 알게 되겠죠. 의외로 호불호가 있는 오이와 레몬을 좋아하는 아이들도 꽤 많습니다.

어린이집 원장 르네의 이야기

"아이가 어릴 때 함께 시간을 보내고 쉬며 아이의 발달 과정을 지켜보세요. 아이와 함께 미소와 따뜻한 마음도 나누세요. 아이에게 주의를 기울이며 아이의 말을 들어주세요. 그러면 식사 시간도 아이와 보호자 모두에게 더 행복한 시간이 될 것입니다. 저는 아이를 믿어주고 부드럽게 이끌어주고, 자연스럽게 아이의 능력을 개발할 수 있도록 격려해 주는 것이 중요하다고 생각합니다. 아이에게 맛과 취향에 관해 이야기하고, 아이의 얼굴과 몸에 나타난 감정에 관해 이름을 붙여주세요. 음식을 만지고 으깨어 보게 하고, 냄새를 맡으며 손가락에 퓌레를 묻혀 마음껏 그림을 그리게 해보세요. 아이는 그러면서 스스로 깨닫고 선택하고 배웁니다.

모든 아이들은 보호자와 함께 식탁을 차리고 평화로운 분위기에서 즐겁게 식사할 때 기쁨을 느낍니다. 물론 소화에도 도움이 되겠죠!"

숟가락을 써야 할 때는

아이마다 각자 배우는 속도도 다르고 입맛도 다릅니다. 어떤 음식을 줬는데 잘 먹지 않는다면 시간이 지나 잊을 만할 때쯤 다시 줘보세요. 처음엔 낯설어서 잘 먹지 않던 것들도 그 사이 다른 맛과 식감을 경험하고 나면 좀 더 쉽게 받아들이곤 합니다.

아이가 스스로 먹는 데 점점 더 익숙해지면 숟가락에 음식을 떠서 아이에게 쥐어주고 아이 혼자서 숟가락을 입에 넣게끔 해보세요. 컵에 담긴 수프를 혼자서 마실 수도 있으니 아주 적은 양으로 매 식사마다 조금씩 시도해 보세요.

떠먹는 요구르트는 시중에 판매하는 '그릭요거트'처럼 좀 더 구덕구덕한 제품으로 바꾸면 숟가락으로 떠서 아이에게 주기가 훨씬 수월합니다.

채소 또는 콩류와 고기는 철분이 많이 함유된 아이용 시리얼과 달걀을 함께 섞어서 뭉쳐주면 음식에 찰기가 있어, 아이가 숟가락을 사용하기 좋습니다.

걸쭉한 감자퓌레를 바삭바삭한 크래커나 빵 위에 얹어서 주는 것도 좋은 연습이 됩니다. 크래커나 빵 조각을 숟가락처럼 사용해 보면서 서서히 '숟가락질'을 체험하는 거예요.

아이 엄마 알로웬의 이야기

"두 딸 모두 꽤 이른 시기에 우리가 먹는 음식에 관심을 보이기 시작했습니다. 그때부터 조각낸 음식을 주었죠. 첫째 딸은 처음엔 채소를 갈아 퓌레를 만들어주다가 나중에 채소를 잘라서 주었는데, 둘째 딸은 처음부터 숟가락으로 떠먹여 주는 걸 거부했습니다. 갈아 만든 음식이나 졸인 음식, 요구르트도 거부했고 손에 잡을 수 있는 조각으로 된 음식만 먹으려고 했습니다. 우리도 그런 아이에게 적응해야 했었죠. 둘째는 금세 저희와 비슷한 음식들을 먹기 시작했습니다. 밥과 달걀을 좋아했고 과일도 통째로 들고 먹었습니다. 먹는 속도도 다른 식구들과 거의 같았습니다. 보는 저희들도 정말 즐거웠죠. 하지만 턱받이는 꼭 해야 했고 양손 가득 카망베르 치즈를 들고 있을 땐 몇 번이나 안전한지 확인해야 했습니다. 거의 돌 무렵이 되자, 숟가락으로 음식을 먹고 싶어 하더군요. 그리고 스스로 숟가락을 입으로 가져갔습니다. 정말 신기했죠!"

아이 혼자서 충분히 먹을 수 있을까?

일부 부모나 전문가들은 아이가 매끼 먹는 양에 대해 지나치게 걱정합니다. 하지만 아이가 하루에 먹는 양이 매일 다르더라도, 일주일 혹은 그 이상의 단위로 보면 결과적으로 균형이 맞춰진다는 사실을 확인할 수 있습니다. 체중변화표를 보면 아이가 먹는 양이 충분한지 파악하는 데 도움이 돼요. 체중변화가 줄거나 정체되는 모습이 보이지 않고 평균과 비슷하게 가고 있다면 걱정할 것 없습니다.

아이들 중에는 식사 때 특정 음식을 거부하거나 특정 음식만 먹으려는 경우가 있어요. 사실 꽤 흔한 모습입니다. 아이가 골고루 먹지 않더라도 양을 조절하며 다양한 음식을 차려주면 건강에 필요한 모든 영양분을 섭취할 수 있답니다.

식사를 하며 아이는 자신만의 기준을 만들면서 음식과의 관계를 머릿속에 정립해 나갑니다. 골고루 먹어야 한다고 너무 강요하면 아이는 거부반응을 보일 수도 있습니다. 이렇게 되면 식사가 정말로 힘들어집니다. 아이는 어떨 때는 빵을 많이 먹고 또 다른 때는 오이만 먹고, 다음에는 고기만 먹으려고 할 수 있어요. 하지만 그 식사들을 전부 합하면 균형이 맞춰집니다. 또 일주일은 잘 먹지 않다가 그 다음 주에는 식욕이 왕성해져 차려준 음식을 전부 다 먹을 수도 있지요.

그러므로 매일 균형 잡힌 식사를 제안할 필요는 있지만 아이가 먹고 싶은 만큼 먹도록 놔두는 것이 좋습니다. 아이는 스스로 어떻게 해야 할지 이미 알고 있어요.

도전! 아이주도이유식

어떤 부모가 "아이가 이미 이유식으로 갈아 만든 퓌레나 졸인 음식을 먹고 있어요. 이제라도 아이주도이유식을 시작할 수 있을까요?"라고 묻습니다. 대답은 당연히 "물론이죠!"입니다. 보호자에게든 아이에게든 인내심이 필요할 뿐입니다. 아이는 넘기기 쉽고 많은 양의 음식을 먹는 것에 익숙해졌을 수 있어서, 처음에 조각 음식을 먹는 데 어려움을 겪을 수도 있으니까요. 하지만 아이가 자기 음식과 먹는 양을 스스로 관리하도록 내버려 두세요. 걱정될 수도 있지만 아이는 금세 자신의 능력을 발전시켜 나갈 것입니다."

《우리 아이가 안 먹어요: 예방과 해결법》[36]의 저자 카를로스 곤잘레스 박사는 부모들이 식습관에 대한 아이디어를 찾아내고 아이를 지지해 주어야 한다고 말합니다.

아이 엄마 사라의 이야기

"처음에는 무엇보다 아이가 먹는 양 때문에 정말 당황스러웠어요. 아이주도이유식에 관해 여러모로 찾아봤었지만 사실 '10g'이라는 수치로는 이게 얼마만큼인지 감이 잘 안 왔으니까요. 나중에 그 양이 매우 적다는 것을 알고 나서도 아이의 식욕을 그대로 받아들이기로 했습니다. 다행히 아이는 고형식을 먹을 때 포만감의 표시를 명확히 나타냈죠. 배가 덜 찼을 때는 식사 후에도 젖을 먹으려고 했습니다. 덕분에 먹는 양에 대해서는 완전히 마음을 낮어요. 한번 적게 먹으면 다음에는 더 먹을 것이고, 아이가 제대로 자신의 의사를 표현할 줄도 알았으니까요."

아이가 포만감을 알리는 방법

말을 하지 못해도 아이는 다음과 같은 방법으로 이제 배가 고프지 않다는 것을 표현합니다.

- 눈이나 귀를 비빕니다.

- 음식을 가지고 장난을 칩니다.

- 음식을 식탁에 대고 문지릅니다.

- 손으로 식탁을 치거나 음식을 바닥에 던집니다.

- 갑자기 울 수도 있습니다.

카를로스 곤잘레스 박사는 아이는 스스로 자기가 필요한 만큼만 먹는다고 말합니다. 단, 소금이나 설탕, 지방이 너무 많이 들어간 음식은 포만감을 잘 느끼지 못해요. 그러니 짜거나 단 음식을 준 경우는 아이가 스스로 조절하지 못할 가능성이 높으니 주의가 필요합니다.

도전! 아이주도이유식

"처음엔 음식을 적게 주고 필요하면 더 주기를 여러 번 반복해 주세요. 그러면 낭비를 피하고 불필요한 청소를 하지 않아도 됩니다. 때때로 아이는 잘 먹던 도중에 다른 음식을 달라고 울기도 하죠. 그러면서 먹던 음식을 안 먹겠다고 몇 차례 칭얼대다가 진짜로 식욕이 사라져 버리기도 합니다. 하지만 그건 사실 배가 부른 상태였던 경우가 많아요."

36. 라 레체 리그(La Leche League), 2010년

눈을 비빈다.

음식을 식탁에 문지른다.

음식으로 장난을 친다.

음식을 바닥에 던지거나 운다.

소통을 위한 몸짓언어

아이는 아주 어렸을 때부터 보호자나 다른 아이들과의 상호작용을 통해 즐거움을 느낍니다. 말문이 트이기도 전에 여러 몸짓언어를 이해하고 그걸 다시 소통하는 데 사용할 줄 알죠. 특히 반복적인 특정 단어와 함께 이루어진다면 보다 정확하고 빠르게 말을 알아들을 수 있어요. 몸짓언어를 통해 아이는 자기가 원하는 것을 표현할 수 있고, 보호자는 아이가 필요로 하는 것을 더 잘 이해할 수 있습니다. 한번 시도해 보고 아이를 지켜보세요. 아마 놀라운 경험을 하게 될 겁니다! 덧붙여, 몸짓언어를 이용해 소통한다고 해서 말이 늦어지는 것은 절대 아니니 걱정하지 마세요!

몸짓언어를 가르치는 법은 간단합니다. 예를 들어, "물 마시고 싶니?" 하고 말하면서 동작을 함께 하는 것입니다.

먹을래?

물 마실래?

더 먹고 싶어?

다 먹었니?

또 다른 예시들로는 "물 마실래?", "먹고 싶니?", "더 줄까?", "다 먹었니?" 같은 것들이 있습니다. 필립 갈랑의 《사인 랭귀지/프랑스어 사전》[37]에서 다른 동작들을 더 확인해 볼 수 있을 거예요.

아이는 지금 배우는 중

아이는 음식을 바닥이나 벽에 집어 던져도, 이것을 '장난'이라고 생각하지 않아요. 자신이 이렇게 움직이면 어떤 일이 일어나는지 하나씩 실험해 보며 배우는 중입니다. 아이가 자신의 몸을 제대로 통제하지 못하는 시기는 아주 짧습니다. 하지만 아이는 아이대로, 집안은 집안대로 돌봐야하는 이 시기가 보호자들에게는 많이 힘들 거예요. 아이주도이유식과 청소를 쉽게 해내기 위한 보조도구나 장치는 사람마다 천차만별이니, 62쪽의 '아이를 위한 식사도구' 챕터를 참고하세요!

37. 인터내셔널 비주얼 시어터(International Visual Theatre), 2003년

9 돌 이후에는 '함께 하는' 아이주도이유식!

아이가 좀 자라면 장보기나 식사준비, 텃밭 가꾸기, 작물 따기 등에 참여할 수 있습니다. 이때 아이와의 의사소통이 잘 이루어지면 아이가 원하고 좋아하는 것들을 나누고 다양하게 발견하는 기회가 됩니다.

함께 식사 준비하기

아이와 식사를 함께 준비해 보세요. 보호자와 함께 빵을 반죽하거나, 채소와 과일을 다듬어보세요. 아이는 자신이 주체가 될 때 더 큰 즐거움을 느끼며 동시에 음식에 대한 애정과 식욕도 훨씬 커진답니다. 게다가 식사를 준비하고 차려 먹는 과정에서 아이는 시각, 촉각, 후각 등 여러 감각을 사용하게 되니 발달에도 도움이 되죠.

마리아 몬테소리의 학습 개념 가운데 '내가 혼자 할 수 있게 도와주세요'라는 것이 있습니다. 몬테소리는 평생에 걸쳐 그 이론을 실제 육아에 적용하는 데 모든 열정을 쏟았고 이는 아이의 식사에도 활용할 수 있다는 사실을 밝혀냈죠. 몬테소리 교육이론을 적용한 수업에서 아이들은 스스로 먹을 빵을 만듭니다. 집에서도 충분히 실행해 볼 수 있어요. 특히 바네사 토이네가 쓴 《요리하며 자라요! 몬테소리》[38]를 참고하면 좋습니다.

38. 플레이백(Play Bac.), 2017년

장보기

아이와 함께 장을 볼 때 진열대에 놓인 채소나 과일을 보여주며 어떤 것을 고를지 묻고, 직접 집을 수 있게 해보세요. 아마 아이의 선택에 깜짝 놀라실 거예요. 그렇게 직접 고른 과일을 깨끗하게 씻는 것도 아이와 함께 할 수 있지요.

텃밭에서 채소 기르기

베란다에 만든 작은 정원이나 공동텃밭에 토마토나 딸기 같이 간단한 작물을 심어보세요. 아이는 심어놓은 모종이 자라서 열매를 맺는 것을 보며 계절의 변화를 배우고, 우리가 먹던 음식이 어떻게 만들어지는가를 천천히 체험할 수 있게 돼요.

10 계절별
이유식 요리법

- 아이가 자라고 신체능력이 발달하면서 아이의 식사 그리고 동시에 가족의 식단까지도 함께 변화를 줄 수 있습니다.

- 식재료를 살 때는 제철 채소와 과일로, 합리적인 가격에서 가능하면 국내산으로 구입합니다.

- 바쁜 부모들을 위해 빠른 시간 내에 준비할 수 있고 아이가 함께 먹을 수 있는 것 위주로 미리 식단을 준비하면 좋습니다.

- 다음에 소개할 메뉴들은 저의 동료와 육아전문가들, 아이를 포함한 여러 가족들의 의견을 모아 만든 것입니다.

아이의 식사를 위한 규칙

- 아이가 먹을 식사는 열량과 철분이 많이 함유되어 있어야 합니다. 최소한 두 돌까지는 모유나 분유는 계속 먹이는 것을 강력히 추천합니다.

- 보호자는 아이가 식사하는 내내 반드시 옆에서 지켜봐야 합니다.

- 음식의 농도는 아이가 혀와 잇몸으로 씹을 수 있는 정도에 따라 맞춰 나갑니다.

- 한 번에 많은 양을 주지 않습니다.

- 보호자는 양질의 음식과 다양한 식단을 제공할 뿐이에요. 먹는 양을 조절하는 것은 아이입니다.

- 음식의 색깔과 식감, 맛을 다양하게 준비합니다.

- 식사하는 동안 아이가 물을 마음대로 마실 수 있게 합니다.

녹색 채소 부침

준비 시간: 30분
조리 시간: 12분

재료 (1인분)

- 녹색 채소 100g (시금치, 브로콜리, 무청, 순무잎 등)
- 양파 1/4개
- 밀가루(병아리콩가루 혹은 메밀가루) 60g
- 달걀 1개
- 우유 150㎖
- 파슬리, 고수
- 올리브유

곁들일 재료

- 당근 1개
- 사과 1/4개

어른용 만들기

준비한 녹색 채소를 끓는 물에 8~10분간 데칩니다. 물기를 잘 빼고 잘게 다져놓습니다.

팬에 올리브유를 살짝 두르고 양파를 볶아줍니다.

오목한 그릇에 밀가루와 달걀을 넣고, 뭉친 덩어리가 없어질 때까지 풀어준 다음, 우유를 넣고 부드럽게 섞습니다.

반죽에 다져놓은 채소와 볶아놓은 양파, 잘게 자른 파슬리와 고수를 넣습니다.

팬을 달군 후, 두세 큰 술 분량의 반죽을 팬 위에 올립니다.

1분 정도 익히고 뒤집어 30~45초 정도 더 익혀주세요.

아이용 만들기

작은 크기로 부치면 아이가 쉽게 집을 수 있고 열량과 영양소 조절도 쉽습니다.

사과를 오븐이나 냄비에 익혀, 부드러운 식감으로 만들어주세요.

아이의 개월 수와
입맛에 따라 채 썬
당근도 곁들이면
좋습니다.

생대구살 오븐구이

준비 시간: 30분
조리 시간: 15분

재료 (1인분)

- 생대구살 180g
- 껍질콩 160g
- 쌀 50g
- 로즈메리 등 허브류
- 올리브유

곁들일 재료

- 잘 익은 자두(또는 토마토) 세 개

어른용 만들기

오븐을 140℃로 예열합니다.

손질된 생선살을 오븐용 용기에 놓고 그 위에 올리브유와 허브를 뿌려주세요.
기름과 허브의 향이 생선에 잘 스며들도록 살짝 문질러줍니다.

예열된 오븐에 생선을 넣고 10분 정도 굽습니다.

깨끗하게 씻은 쌀을 밥솥에 안칩니다.

밥과 생선이 완성되는 동안 껍질콩의 껍질을 벗깁니다. 그대로 요리해서
먹어도 되지만, 아이에겐 질긴 감이 있으니 제거하는 편이 좋습니다.

손질한 껍질콩을 찜기에 넣고 10분간 찝니다.

아이용 만들기

익힌 껍질콩에 살짝 올리브유를 둘러서 준비합니다. 밥은 아이가 잡기
편하도록 동그랗게 빚고 생선은 먹기 좋은 크기로 자릅니다.

잘 익은 과일이나 토마토 조각도 함께 곁들이면 입맛을 돋울 수 있습니다.

아이가 껍질콩이나
생선 둘 중 하나만
더 먹고 싶어 할 수도
있어요.

퀴노아와 렌틸콩을 넣은 단호박 그라탱

준비 시간: 15분
조리 시간: 30~35분

재료 (1인분)

- 퀴노아 25g
- 주황색 렌틸콩 25g
- 단호박 160g
- 타임(백리향)
- 마늘
- 아몬드 우유 150ml
- 해바라기씨유

곁들일 재료

- 카망베르 치즈 약간
- 바게트 빵 2조각

어른용 만들기

냄비에 퀴노아와 물을 1:2 비율로 넣고 15분 동안 약한 불에 익혀주세요.

렌틸콩은 물과 1:3 비율로 준비해서 30분 동안 약한 불에 익힙니다.

단호박은 2분 정도 전자레인지에 돌린 뒤 큼직하게 잘라 씨를 제거한 후, 찜기에 15분 동안 쪄주세요.

오븐을 180°로 예열해 놓습니다.

익힌 재료를 한 곳에 모아 포크로 으깬 다음, 타임과 마늘 그리고 아몬드 우유를 넣고 부드럽게 섞어줍니다.

해바라기씨유를 오븐용 용기에 고르게 바르고 섞어둔 재료를 넣어 15분 동안 오븐에서 익힙니다.

아이용 만들기

완성한 그라탱은 완전히 식힌 뒤, 아이가 집어먹기 쉽도록 작은 경단 모양으로 빚어서 준비합니다.

카망베르 치즈를 조금 곁들여도 좋습니다.

> **주의 :** 렌틸콩은 덜 익히면 아이에게 딱딱하게 느껴질 수 있으니 다른 요리를 할 때는 지금보다 훨씬 더 많이 익혀야 합니다.

어른용 요리

100

과일을
곁들여도
좋습니다.

송아지 스튜

준비 시간: 30분
조리 시간: 20분

재료 (1인분)

- 양파 1개
- 당근 1개
- 감자 2개
- 근대 1줄
- 버섯 75g
- 송아지 어깨살 150g (다른 고기로 대체가능)
- 정향 1개
- 밀가루 10g
- 해바라기씨유나 참기름

곁들일 재료

- 배

어른용 만들기

채소를 깨끗이 씻고 먹음직스럽게 깍둑썰기 합니다. 유기농 야채는 솔로
문질러 닦거나 껍질을 벗겨서 사용합니다.

고기를 큼직큼직하게 썰어 압력솥에 넣고 고기가 약간 잠길 정도로 물을
부어 끓입니다. 끓으면서 생기는 거품은 걷어주세요.

고기가 어느 정도 익으면 손질한 채소들을 전부 솥에 넣고 물을 더 붓습니다.

압력솥의 밸브가 소리를 내고 돌기 시작하면 그때부터 약한 불에 20분을 더
끓입니다.

고기와 채소를 건져내고 한 김 식으면 자작해진 국물에 오일 한 스푼과
밀가루를 넣고 약한 불에서 천천히 저어가며 소스를 만듭니다.

접시 위에 건져놓았던 재료를 놓고 소스를 끼얹습니다.

아이용 만들기

아이가 먹을 당근과 근대는 조리하기 전에 길쭉하게 잘라서 아이가 쉽게 잡을
수 있도록 합니다. 고기도 섬유질 방향으로 길게 잘라주세요.

잘 익은 배 1/4쪽을 곁들이면 좋습니다.

빵 한 조각을
곁들이거나 다른
곡물과 함께 먹어도
좋습니다.

요리 선생님 다니엘과 에블린 에뱅의 이야기

소금에 관해서···.

다니엘: 조리 후에 추가한 소금은 입 안에 갈증을 느끼게 합니다. 같은 양의 소금을 써도 조리 중에 넣는 것보다 전체적으로 짠맛이 흐릿하게 남아있게 되죠. 소금은 입 안에 들어가면 혀끝에서 맛을 느낄 수 있어요. 혀의 다른 부위는 쓴맛, 신맛, 단맛 등 다른 맛에 자극을 받습니다.

에블린 에뱅: 아이는 아직 내장기관이 다 성숙해지지 않았기 때문에 신장에 피로감을 주는 나트륨은 피하는 것이 좋습니다. 소금 대신 다른 향신료나 마늘, 양파를 넣어보세요. 새로운 맛을 느낄 수 있을 거예요.

조리법에 대해서···.

다니엘: 세 가지 조리법을 소개할게요.

1. 집중형 조리법: 튀기기, 굽기, 볶기를 이용하는 조리법입니다. 이 방법으로 만드는 요리에는 커틀릿, 갈비, 촙스테이크, 토막 낸 생선, 스테이크, 고기패티 등이 있어요. 맛과 영양분이 조리하는 음식에 집중되어 있습니다.

2. 확장형 조리법: 식재료를 육수에 넣어 익히는 방법입니다. 스튜, 프티 사레(petit salé)[39], 포토푀(pot-au-feu)[40], 닭고기 크림 스튜, 쿠르부용(court-Bouillon)[41] 등이 이 조리법으로 만들어져요. 재료를 통으로 푹 끓이기 때문에 풍미가 육수에 우러나 깊은 맛을 낼 수 있습니다.

3. 혼합형 조리법: 여러 식재료와 물이나 화이트와인, 레드와인 등을 넓고 오목한 용기에 넣고 뚜껑을 덮어 오븐에 굽거나 찌는 방법입니다. 뵈프 부르기뇽(boeuf bourguignon)[42] 같은 스튜요리, 코코뱅(coq au vin)이나 도브(daube) 같은 찜요리가 여기에 해당됩니다.

에블린 에뱅: 다양한 조리법을 사용하면 같은 재료라도 다른 맛을 낼 수 있습니다. 아이도 생각보다 많은 맛을 구별할 수 있답니다!

---

39. 소금에 절인 돼지고기를 각종 채소와 함께 육수를 내어 끓인 요리
40. 갈비탕처럼 고기와 채소를 푹 끓여 국물째로 먹는 요리
41. 주로 생선찜에 쓰이는 육수로 생선살과 물, 포도주와 채소를 넣고 끓여 만드는 요리
42. 소고기와 채소를 레드와인에 푹 끓여 만든 요리

아이는 혼자 할 수 있어요!

"내가 혼자 할 수 있게 도와주세요."

몇 년 전부터 저의 영감이 되어준 마리아 몬테소리의 육아 개념입니다. 정말 간단하지만 아이와 관계를 맺을 때 매우 중요한 말입니다.

'혼자 할 수 있게' 도와달라는 문장은 아이가 먹고 싶다고 하면 보호자는 아이가 원하는 음식을 가져다주고, 옆에서 아이가 혼자 먹는 것을 지켜보라는 말입니다. 아이는 보호자가 생각하는 것보다 훨씬 더 놀라운 능력을 가지고 있으니까요.

아이는 안전하고 편안한 분위기에서 많은 것을 혼자 할 수 있어요. 대신 아이가 먹는 음식은 열량과 영양분이 골고루 풍부하게 들어있어야 하며 고형식과 병행해서 모유나 분유도 계속 먹어야 하죠. 가족과 함께 식탁에 둘러앉아 화기애애한 분위기에서 식사를 하면 아이 성장에도 도움이 됩니다.

보호자들은 아이와 시선을 같이 마주해야 하죠. 아이가 가진 감정의 높이를 이해하고 바라볼 수 있어야 합니다. 마지막으로 아동인권주의의 선구자인 폴란드의 소아청소년과 의사이자 교육자, 작가인 야뉘스 코르착(Janusz Korczak)의 온기와 지혜가 녹아들어 있는 시를 소개해드리며 글을 마칠게요.

당신은 말해요.
"아이 돌보기는 너무 힘들어."

당신 말이 맞아요.

당신은 말해요.
"아이에게 맞추려고 몸을 낮추고 구부리고 숙이고 아이가 돼야 해."

그 말은 틀려요.

당신이 힘든 건 당신의 몸을 낮춰서가 아니에요.
힘든 건 아이의 감정이
당신의 몸을 훌쩍 뛰어넘기 때문이에요.

발끝을 세워 몸을 펴고 쭉 뻗어 올려야 해요.
아이가 상처입지 않게요.

이 시가 수록된 저서《내가 다시 아이가 된다면》은 야뉘쉬 코르착이 쓴 아름다운 동화 중 하나로 아이들의 권리를 위해 헌정된 책입니다. 이 책은 프랑스어로 번역되어 《존중받는 아이의 권리》[43]라는 제목으로 출간되었습니다.

43. 라퐁트(Laffont)/유네스코 공동출판, 1979년(절판)

프랑스 엄마가 알려주는 건강하고 행복한

아이주도이유식

초판 1쇄 인쇄 2019년 10월 18일
초판 1쇄 발행 2019년 10월 30일

저자 에블린 에뱅
옮긴이 양진성

펴낸이 김영철
펴낸곳 국민출판사
등록 제6-0515호
주소 서울특별시 마포구 동교로12길 41-13(서교동)
전화 02)322-2434
팩스 02)322-2083
블로그 blog.naver.com/kmpub6845
이메일 kukminpub@hanmail.net

편집 고은정, 박주신, 변규미
디자인 블루
경영지원 한정숙
종이 신승 지류 유통 | **인쇄** 예림 | **코팅** 수도 라미네이팅 | **제본** 은정 제책사

ⓒ 에블린 에뱅, 2019
ISBN 978-89-8165-634-8 (13590)